二噁英类污染物的人体暴露评估

陈卫红　史廷明　汤乃军　张素坤　陈建华　等 编著

中国环境出版社·北京

图书在版编目（CIP）数据

二噁英类污染物的人体暴露评估/陈卫红等编著. —北京：中国环境出版社，2016.12
ISBN 978-7-5111-3026-6

Ⅰ.①二…　Ⅱ.①陈…　Ⅲ. ①二恶英—有机污染物—环境污染—风险评价　Ⅳ.①X5

中国版本图书馆 CIP 数据核字（2016）第 311938 号

出 版 人　王新程
责任编辑　黄　颖
责任校对　尹　芳
封面设计　宋　瑞

出版发行　**中国环境出版社**
　　　　　（100062　北京市东城区广渠门内大街 16 号）
　　　　　网　　　址：http://www.cesp.com.cn
　　　　　电子邮箱：bjgl@cesp.com.cn
　　　　　联系电话：010-67112765（编辑管理部）
　　　　　发行热线：010-67125803，010-67113405（传真）
印　　刷　北京中献拓方科技发展有限公司
经　　销　各地新华书店
版　　次　2016 年 12 月第 1 版
印　　次　2016 年 12 月第 1 次印刷
开　　本　787×1092　1/16
印　　张　11
字　　数　240 千字
定　　价　42.00 元

《环保公益性行业科研专项经费项目系列丛书》

编著委员会

序 言

目前，全球性和区域性环境问题不断加剧，已经成为限制各国经济社会发展的主要因素，解决环境问题的需求十分迫切。环境问题也是我国经济社会发展面临的困难之一，特别是在我国快速工业化、城镇化进程中，这个问题变得更加突出。党中央、国务院高度重视环境保护工作，积极推动我国生态文明建设进程。党的十八大以来，按照"五位一体"总体布局、"四个全面"战略布局以及"五大发展"理念，党中央、国务院把生态文明建设和环境保护摆在更加重要的战略地位，新修订了《环境保护法》，又先后出台了《关于加快推进生态文明建设的意见》《生态文明体制改革总体方案》《大气污染防治行动计划》《水污染防治行动计划》《土壤污染防治行动计划》等一批法律法规和政策性文件，我国环境治理力度前所未有，环境保护工作和生态文明的进程明显加快，环境质量有所改善。

在党中央、国务院的坚强领导下，环境问题全社会共治的局面正在逐步形成，环境管理正在走向系统化、科学化、法制化、精细化和信息化。科技是解决环境问题的利器，科技创新和科技进步是提升环境管理系统化、科学化、法制化、精细化和信息化的基础，必须加快建立和持续改善环境质量的科技支撑体系，加快建立科学有效防控人群健康和环境风险的科技基础体系，建立开拓进取、充满活力的环保科技创新体系。

"十一五"以来，中央财政加大对环保科技的投入，先后启动实施水体污染控制与治理科技重大专项、清洁空气研究计划、蓝天科技工程专项，同时设立了环保公益性行业科研专项。根据财政部、科学技术部的总体部署，环保公益性行业科研专项紧密围绕《国家中长期科学和技术发展规划纲要（2006—2020 年)》《国家创新驱动发展战略纲要》《国家科技创新规划》和《国家环境保护科技发展规划》，立足环境管理中的科技需求，积极开展应急性、培育性、基础性科学研究。"十一五"以来，环境保护部组织实施了公益性行业科研专项项目479项，涉及大气、水、生态、土壤、固体废物、化学品、核与辐射等领域，共有包括中央级科研院所、高等院校、地方环保科研单位和企业等几百家参与，逐步形成了优势互补、团结协作、良性竞争、共同发展的环保科技"统一战线"。目前，专项取得了重要研究成果，已验收的项目中，共提交各类标准、技术规范997项，各类政策建议与咨询报告535项，授权专利519项，出版专著300余部，专项研究成果在各级环保部门中得到了较好的应用，为解决我国环境问题和提升环境管理水平提供了重要的科技支撑。

为广泛共享环保公益性行业科研专项项目研究成果，及时总结项目组织管理经验，环境保护部科技标准司组织出版《环保公益性行业科研专项经费项目系列丛书》。该丛书汇集了一批专项研究的代表性成果，具有较强的学术性和实用性，是环境领域不可多得的资料文献。丛书的组织出版，在科技管理上也是一次很好的尝试，我们希望通过这一尝试，能够进一步活跃环保科技的学术氛围，促进科技成果的转化与应用，不断提高环境治理能力的现代化水平，为持续改善我国环境质量提供强有力的科技支撑。

中华人民共和国环境保护部副部长

黄润秋

目　录

本书常用符号注释

AhR 芳香烃受体

ARNT 芳香烃受体核转运蛋白

CALUX Chemical-Activated Luciferase Gene Expression）荧光素酶报告基因法

CPF（Carcinogen Potency Factor）致癌强度系数

CYP 细胞色素 P450 超家族

DL-PCBs（Dioxin-like Polychlorinated Biphenyls）二噁英类多氯联苯

DMSO 二甲基亚砜

DREs（Dioxin Response Elements）二噁英反应原件

EDCs（Endocrine Disrupting Chemicals）环境内分泌干扰物

ERF 乙氧基试卤灵

EROD 7-乙氧基-3-异吩噁唑酮-脱乙基酶诱导生物测试

HQ（Hazard Quotient）非致癌风险

HRGC-HRMS 高分辨气相色谱-高分辨质谱仪

I-TEF（International Toxic Equivalency Factor）国际毒性当量因子

MALDI-TOF MS/MS 基质辅助激光解析电离飞行时间质谱

OCDD　1,2,3,4,6,7,8,9-八氯二苯并-对-二噁英

OCDF　1,2,3,4,6,7,8,9-八氯二苯并呋喃

PCBs（Polychlorinated Biphenyls）多氯联苯

PCDDs 多氯代二苯并二噁英

PCDFs 多氯代二苯并呋喃

PHAHs（Polyhalogenated Aromatic Hydrocarbons）多卤代芳烃类

POPs（Persistent Organic Pollutants）持久性有机污染物

RF 试卤灵

RNS 活性氮

ROS 活性氧

RRF（Relative Response Factor）相对响应因子

SIM（Selection Ion Monitor）选择离子监测

SIR 选择离子检测

SPE（Solid Phase Exaction）固相萃取

TCD（Toxicity Criteria Database）毒性标准数据库

TEF（Toxic Equivalency Factor）毒性当量因子

TEQs（Toxic Equivalents）毒性当量

1,2,3,7,8-PeCDD　1,2,3,7,8-五氯二苯并-对-二噁英

1,2,3,4,7,8-HxCDD　1,2,3,4,7,8-六氯二苯并-对-二噁英

1,2,3,6,7,8-HxCDD　1,2,3,6,7,8-六氯二苯并-对-二噁英

1,2,3,7,8,9-HxCDD　1,2,3,7,8,9-六氯二苯并-对-二噁英

1,2,3,4,6,7,8-HpCDD　1,2,3,4,6,7,8-七氯二苯并-对-二噁英

1,2,3,7,8-PeCDF　1,2,3,7,8-五氯二苯并呋喃

1,2,3,4,7,8-HxCDF　1,2,3,4,7,8-六氯二苯并呋喃

1,2,3,6,7,8-HxCDF　1,2,3,6,7,8-六氯二苯并呋喃

1,2,3,7,8,9-HxCDF　1,2,3,7,8,9-六氯二苯并呋喃

1,2,3,4,6,7,8-HpCDF　1,2,3,4,6,7,8-七氯二苯并呋喃

1,2,3,4,7,8,9-HpCDF　1,2,3,4,7,8,9-七氯二苯并呋喃

2,3,7,8-TCDD　2,3,7,8-四氯二苯并-对-二噁英

2,3,7,8-TCDF　2,3,7,8-四氯二苯并呋喃

2,3,4,6,7,8-HxCDF　2,3,4,6,7,8-六氯二苯并呋喃

2,3,4,7,8-PeCDF　2,3,4,7,8-五氯二苯并呋喃

2-DE 双向凝胶电泳技术　8-iso-PGF2α　8-异前列腺素 2α

8-OHdG　8-羟基鸟苷

8-OHGua　8-羟基鸟嘌呤

1　导论

1.1　二噁英类污染物的人体暴露评估技术研究的意义

多氯代二苯并二噁英（PCDDs）和多氯代二苯并呋喃（PCDFs），统称为二噁英。其作为普遍存在的环境污染物，种类达 210 种（其中 PCDDs 有 75 种，PCDFs 有 135 种），广泛存在于各种环境介质（水体、大气、土壤、沉积物、组织及生物体等）中，既属于持久性有机污染物（POPs），同时也是重要的环境内分泌干扰物（EDCs），性状稳定，熔点较高，极难溶于水，可以溶于大部分有机溶剂，极易在生物体内蓄积。为切实履行《斯德哥尔摩公约》中承诺的 POPs 削减计划，并完成《中国履行关于持久性有机污染物的斯德哥尔摩公约国家实施计划》（以下简称《国家实施计划》）中的预期目标，2007 年 4 月我国对 PCDD/Fs 等持久性有机污染物污染防治工作提出了明确要求，2010 年 10 月 19 日环保部联合外交部、国家发改委、科技部、工信部、财政部、住房城乡建设部、商务部和国家质检总局九个部委发布了《关于加强二噁英污染防治的指导意见》（以下简称《指导意见》），《指导意见》中指出我国 17 个主要行业 PCDD/Fs 排放企业有万余家，涉及钢铁、再生有色金属和废弃物焚烧等多个领域，并制定了 PCDD/Fs 污染防治的路线图和时间表，规划至 2015 年，我国应建立比较完善的 PCDD/Fs 污染防治体系和长效监管机制，重点行业 PCDD/Fs 排放强度需降低 10%，基本控制目前呈现的 PCDD/Fs 排放增长趋势。环境保护部提出，到 2015 年，中国要全面控制废物焚烧、钢铁、造纸、化工等六大重点行业二噁英排放增长的趋势。

PCDD/Fs 来源于人类活动和工业生产过程中的副产物，伴随着经济的迅速发展，工业化和城市化进程飞速推进，PCDD/Fs 排放和污染问题日益严重。由于 PCDD/Fs 是持久性环境污染物，降解十分缓慢，长期存在于环境中，进入人体的机会多，并可在人体内进行蓄积，因此，其健康危害日益受到关注。PCDD/Fs 中的 PCDDs 确定为人类肯定致癌物，PCDD/Fs 还是一类具有极强的致突变和致畸作用的物质，前期研究显示，PCDD/Fs 还具有神经毒性、生殖毒性、内分泌干扰毒性和免疫毒性。因此，亟须开展 PCDD/Fs 的人体暴露及其健康危害评估。

总体而言，通过工业排放产生的 PCDD/Fs，主要通过大气迁移途径由大气到达陆地和水生生态系统，在空气中，PCDD/Fs 为半挥发性化合物存在于气相和颗粒物中，主要吸附在气溶胶颗粒上。进入人体内的 PCDD/Fs 类化合物的半衰期为 1～10 年，平均为 7 年，且存在较大的种属和个体差异。PCDD/Fs 的人体暴露途径主要包括呼吸道吸入、食物摄入、皮肤暴露、土壤接触等。呼吸道吸入途径：空气中飘浮的 PCDD/Fs 通过呼吸过程直接被人体吸入；食物摄入途径：由于 PCDD/Fs 具有较好的脂溶性，故饮食来源的 PCDD/Fs 主要来自动物源性的含脂性食物中；土壤接触与皮肤摄入途径由于皮肤角质层具有阻挡 PCDD/Fs 通过的作用，实际能经完整皮肤进入人体的有效剂量相对很低。进入机体的 PCDD/Fs 的吸收程度与化合物的种类、吸收途径等有关，PCDD/Fs 主要分布在肝脏、脂肪组织、皮肤等部位，其浓度与接触剂量有剂量—反应关系，PCDD/Fs 在体内存留时间与蓄积部位有关，在体脂内的存留时间最长。PCDD/Fs 主要在肝脏内解毒，较难代谢，且有显著的种属差异，其代谢产物是羟基化和甲氧基化 TCDD 衍生物，以葡萄糖醛酸和硫酸结合物的形式排出。

评估人体 PCDD/Fs 暴露的方法主要有两种：①通过检测 PCDD/Fs 外暴露（环境空气、食物）水平，结合其人体摄入途径和剂量估算人体的实际暴露量；②通过检测内暴露标志物，如血中 PCDD/Fs 的剂量等推算人体的暴露量。通过后一种方法能够估计个体通过各种途径暴露 PCDD/Fs 的总量。

健康风险评估是桥连 PCDD/Fs 暴露水平与健康终点的纽带。健康风险的估算方法主要有两大类：一类是针对致癌性污染物的致癌风险评估；另一类是针对非致癌污染物的非致癌风险评估，目前关于 PCDD/Fs 的健康风险研究主要立足于其致癌性上。为评价 PCDD/Fs 类物质的健康风险提出了 PCDD/Fs 毒性当量的概念，并通过毒性当量因子来折算暴露浓度。个体 PCDD/Fs 暴露评价可在此基础上进行。

既往研究和行业调查显示，我国 PCDD/Fs 的污染来源主要有：金属熔炼与加工（钢铁生产和金属热处理）、废物焚烧、化工生产的杂质与副产物（多氯联苯、氯碱工业、五氯酚和染料工业等）、纸浆氯漂白过程等。PCDD/Fs 类物质的主要排放行业涉及以下几个方面：

钢铁冶金行业：冶金行业是我国最主要的 PCDD/Fs 排放行业之一，有报道说其 PCDD/Fs 排放占我国总排放量的 45%。冶金行业排放的 PCDD/Fs 主要集中在烧结工序，其次为电炉炼钢工序，其余的生产工序如炼焦、高炉炼铁、转炉炼钢、自备电厂等也有少量排放。①烧结过程的 PCDD/Fs 主要在烧结料层生成，其生成途径主要为从头合成。根据烧结烟气 PCDD/Fs 同族物质的分布情况分析，不论是质量浓度还是毒性当量均以 PCDFs 占主导地位（质量浓度占 85%、毒性当量占 89%）；在 PCDFs 中，又以 2,3,7,8-TCDF 为主。②作为电炉冶炼原料的废钢，一般都含有油脂、油漆涂料、塑料等有机物，废钢预热和装入电炉都将会有 PCDD/Fs 生成；排放废气中的 PCDFs 异构体较 PCDDs 多，且含 4~6 个氯原子的 PCDFs 和 PCDDs 占主导地位。③根据 PCDD/Fs 的生成机理分析，高炉炼铁工序应有 PCDD/Fs 产生。④球团焙烧、炼焦工序、转炉炼钢也应有 PCDD/Fs 生成。

垃圾焚烧：自 1977 年荷兰阿姆斯特丹垃圾焚烧厂排放的烟气以及飞灰中检测到 PCDD/Fs 以来，虽然已经认识到垃圾焚烧排放 PCDD/Fs 的危害，但是由于焚烧方式处理垃圾能够最大化实现减容减重，而且具有处理量大、处理周期短等优点，故目前垃圾的焚烧法处理仍占较高比例。垃圾焚烧中 PCDD/Fs 的形成主要在以下 3 个过程中产生：①作为燃料的原生垃圾中含有痕量的 PCDD/Fs，在焚烧中未能完全破坏或分解，继续在固体残渣和烟气中存在；②在燃烧炉膛中 PCDD/Fs 的生成（即高温气相反应），生活垃圾中含有 20%～50% 的有机物，此类有机物中包括聚氯乙烯氯苯、氯酚及其他有机氯，在垃圾焚烧过程中能够转化为 PCDD/Fs；③燃烧后的区域内 PCDD/Fs 的再生成。浙江大学与清华大学都已对垃圾焚烧过程中产生 PCDD/Fs 的排放规律进行了研究。除了生活垃圾外，医疗废弃物的焚烧过程也会产生大量 PCDD/Fs 类排放物。

化工行业：许多有机氯化学品，如 PCBs、氯代苯醚类农药、苯氧乙酸类除草剂、五氯酚木材防腐剂、六氯苯和菌螨酚等，在生产过程中有可能形成 PCDD/Fs 类物质。

基于我国主要 PCDD/Fs 排放量的行业分布，考虑其环境污染程度，以及对暴露者健康影响的研究基础，我们选择 PCDD/Fs 排放水平高的重点污染行业：氯化工、钢铁冶炼铸造、垃圾焚烧等三个典型行业进行 PCDD/Fs 人体暴露评估技术研究。

基于我国 PCDD/Fs 污染的严重性，选择典型行业及其污染区域开展其污染程度评价，特别是进行人体暴露评价技术的研究，一方面从技术上解决 PCDD/Fs 人体内暴露评价的难题，满足我国履行《斯德哥尔摩公约》的技术能力需求；另一方面能及时准确地了解我国人群的 PCDD/Fs 污染水平及其范围，以及可能存在的健康危害风险，为国家制定相应的预防和应对措施提供基础数据。

1.2 二噁英类污染物的人体暴露评估技术研究过程

1.2.1 总体目标

在比较 PCDD/Fs 检测方法和筛选 PCDD/Fs 损伤效应标志物的基础上规范 PCDD/Fs 内暴露监测方法，结合环境暴露和内暴露监测结果分析形成 PCDD/Fs 暴露评估技术，通过 PCDD/Fs 暴露量与人群健康损伤的暴露反应关系，进行 PCDD/Fs 暴露的健康风险评价。具体目标：①完善 PCDD/Fs 的人体内暴露监测方法；②形成典型区域人群体内的 PCDD/Fs 暴露评估技术；③构建 PCDD/Fs 的人体健康风险调查及评估技术。

1.2.2 研究单位和主要研究人员

牵头单位：华中科技大学同济医学院公共卫生学院；

负责人：陈卫红；

研究骨干：何金铜、赵明、张庄、王丽华、翁少凡、黄希冀。

参与单位：

（1）天津医科大学，负责人：汤乃军，研究骨干：陈曦、张利文；

（2）湖北省预防医学科学院，负责人：史廷明，研究骨干：闻胜、刘萧、刘跃伟；

（3）环保部华南环境科学研究所，负责人：张素坤，研究骨干：张飞攀、徐洁；

（4）中国环境科学研究院，负责人：陈建华，研究骨干：武亚凤。

1.3　研究内容和研究方法

1.3.1　研究内容

二噁英类污染物的人体暴露评估技术研究内容包括以下几个方面：

（1）筛选 PCDD/Fs 暴露的敏感标志物，应用细胞学实验技术，进行 PCDD/Fs 染毒细胞的 DNA 甲基化改变检测。采用单核细胞、肺上皮细胞和肝细胞等细胞株，通过细胞染毒测定 PCDD/Fs 可能引起的 DNA 甲基化改变基因类型及位点，在此基础上筛检可能的 PCDD/Fs 甲基化改变特征，并结合基因功能分析该暴露效应标志物的敏感性与特异性，探讨其作为 PCDD/Fs 健康损伤标志物的可行性。

（2）优化 PCDD/Fs 人体内暴露测定方法，分别在 PCDD/Fs 进样方式的优化、血样样品的前处理、样品 PCDD/Fs 高效提取技术和干扰物去除技术等方面对该方法进行优化研究。在测定人群 PCDD/Fs 内暴露的基础上，比较内暴露量与 PCDD/Fs 暴露标志物之间的关系。

（3）典型行业区域人群 PCDD/Fs 的暴露水平调查与评估研究。选取钢铁铸造、氯化工、垃圾焚烧等三个典型行业的作业者及周边居民为研究对象，同时选择清洁区居民为对照。采集研究区域环境空气（含颗粒物）样品和研究对象主要食用的高脂肪食物样品（PCDD/Fs 容易富集于高脂肪食品）。采集研究对象血液和尿液。测定环境空气样品和食物样品中 PCDD/Fs 的水平，确定研究区域环境空气和食物中 PCDD/Fs 的浓度水平和污染特征。测定研究对象血液中 PCDD/Fs 水平，分析人群 PCDD/Fs 内暴露水平和污染特征，并结合环境空气和食物中 PCDD/Fs 谱分析人体 PCDD/Fs 的主要来源及途径。结合研究对象在不同环境的停留时间、呼吸量和体力活动量初步估算人体吸入 PCDD/Fs 剂量，结合饮食习惯估算 PCDD/Fs 通过食物的摄入剂量。统计分析 PCDD/Fs 吸入和摄入量与人体 PCDD/Fs 内暴露量的关系，构建环境、空气和食物 PCDD/Fs 暴露量与内暴露量的相关关系，建立几者之间的广义线性回归模型，形成 PCDD/Fs 内暴露评估的指标体系。

（4）构建典型行业区域人群 PCDD/Fs 暴露和健康风险关联及评价技术。结合 PCDD/Fs 毒性资料和 PCDD/Fs 内暴露估算结果综合评估 PCDD/Fs 暴露对人体健康损伤（如氧化损伤和致癌等）的风险。根据 PCDD/Fs 暴露评价的结果，结合人群暴露参数和人群健康损伤数据，初步构建估算人群暴露 PCDD/Fs 的健康损伤风险模型。

1.3.2 研究方法

（1）PCDD/Fs 内暴露监测方法优化

在查阅文献和既往研究的基础上，本项目选择血液（外周血）样本，用以评价 PCDD/Fs 的内暴露水平。血样是目前国际上公认的评价 PCDD/Fs 内暴露的最合适的生物样本，主要测定步骤包括外周血采集与保存，血液样本的前处理，同位素稀释-高分辨气质联用方法测定 PCDD/Fs。本项目在既有技术的基础上，对后 2 个步骤进行测定条件的摸索和完善，然后进行较大样本人群外周血液中 PCDD/Fs 的实际测定和分析。

1）血液中 PCDD/Fs 测定的血液前处理方法研究

本方法适用于血液样品中 PCDD/Fs 类样品的萃取、净化及浓缩。质量负责人制订样品分析计划和质量控制计划并负责对监控结果进行评审。质控人员负责质控工作的实施与检查，对分析有效性实施监控。前处理人员应严格遵守质量控制措施和分析操作规程，做好分析过程的原始记录。

a 冷冻干燥

自冰箱拿出待测血清样品，平衡至室温后，用加样枪测定血清体积，平铺在玻璃平皿或玻璃烧杯中。以锡箔纸封口后编号，放入-20℃冰箱冷冻，确保血清样品完全冻实。冻实后取出放入冷冻干燥机中，在温度-40℃，压力 0.02 Mbar 的条件下至完全冻干。冻干的样品可放入干燥器中备用。

b 样品提取

选取加速溶剂萃取的方法进行样品提取，具体流程如下：

①提取前应将所用萃取池分别用二氯甲烷和正己烷进行润洗。

②萃取池中应预先放入与萃取池截面等大的圆形醋酸纤维素滤膜。用小勺将冻干后的血清样品自玻璃平皿或烧杯中刮至研钵中，在研钵中加入适量硅藻土，研磨成均匀粉末后装入萃取池中。在萃取池中加入 $^{13}C_{12}$ 标记的定量内标，盖上醋酸纤维素滤膜，密闭后，放于萃取仪上，以正己烷：二氯甲烷（1：1，体积比）为溶剂提取。参考条件：温度为 130℃；压力为 100 bar；循环 2 次，第 1 次循环：加热时间为 5 min，静态时间为 5 min；第 2 次循环：加热时间为 2 min，静态时间为 10 min。

③将提取液旋转蒸发浓缩至 3～5 ml。

c 样品净化

本方法使用全自动样品净化系统自动净化分离，使用三根一次性商业化净化柱，依次为多层硅胶柱、碱性氧化铝柱和活性炭柱。整个净化过程通过计算机按设定程序控制往复泵和阀门进行。

①按仪器使用说明要求，连接净化层析柱。

②将各净化柱按顺序连接在全自动样品净化系统上，按程序配好各洗脱溶液并连接好管路，设定计算机洗脱程序，洗脱流程见图 1-1。

③将处理的浓缩提取液转移到全自动样品净化系统的进样管。

④按洗脱流程图顺序洗脱，对样品进行净化、分离，分别收集 PCDDs/Fs 和 DL-PCBs 组分。

⑤将收集的各洗脱液分别用旋转蒸发仪浓缩至 1 ml。

d　样品微量浓缩与溶剂交换

将旋转蒸发后的溶液 1 ml，转移至进样瓶中，并用正己烷洗涤浓缩蒸馏瓶 2 次，一并转入进样瓶中；在细小的氮气流下浓缩至约 100 μl 后转移至装有 20 μl 壬烷（或辛烷）的内衬管中，用正己烷洗涤进样瓶 2 次，一并转入内衬管中。继续在细小的氮气流下浓缩至溶剂只含壬烷或辛烷。密封进样瓶，标记样品编号。

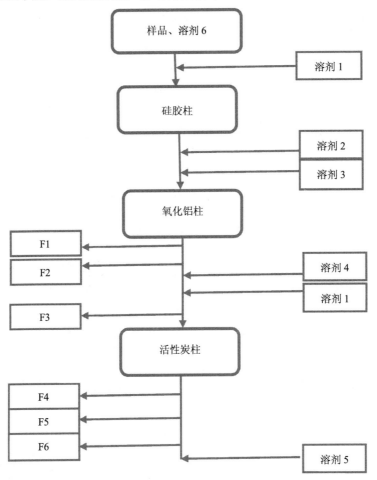

注：溶剂 1：正己烷；溶剂 2：二氯甲烷：正己烷（20：80）；溶剂 3：二氯甲烷：正己烷（50：50）；溶剂 4：乙酸乙酯：甲苯（50：50）；溶剂 5：甲苯；溶剂 6：二氯甲烷；组分：废液，收集于废液瓶中；组分 2～组分 5：组分 DL-PCBs；组分 6：组分 PCDD/Fs。

图 1-1　全自动样品净化系统洗脱过程和净化分离程序

2）同位素稀释—高分辨气质联用方法优化研究

以环保部行业标准《环境空气和废气二噁英类的测定　同位素稀释高分辨气相色谱—高分辨质谱法》（HJ 77.2—2008）的主要测试步骤、材料、仪器参数等为基本测定方法，本研究重点在生物样本（血液）的采集、保存运输和前处理方法上进行完善和优化，并通过 PCDD/Fs 进样方式的优化、生物样品中 PCDD/Fs 高效提取技术和干扰物排除方法技术等方面对该方法进行优化研究。

PCDD/Fs 进样方式的优化：以大体积进样方式替代传统无分流进样，并对液氮的控制参数进行比较和优化。

生物样品 PCDD/Fs 高效提取/净化技术：对血液样品的提取与净化技术进行高度耦合与浓缩，大大降低人为因素和样品多次转移和净化对样品灵敏度的影响。具体方法参见成果中：血中 PCDD/Fs 的高分辨气质联用测定方法标准建议稿。

（2）环境空气中 PCDD/Fs 的采样和测定方法

本项目中环境空气 PCDD/Fs 测定包括典型行业中工作岗位和居民居住区环境空气两部分，典型行业工作岗位的 PCDD/Fs 采样点的选择参照国家职业卫生标准《工作场所空气中有害物质监测的采样规范》（GBZ 159—2004）进行，工作岗位环境空气 PCDD/Fs 测定和居民居住区环境空气中 PCDD/Fs 的采样和测定方法参照环境保护部行业标准《环境空气和废气二噁英类的测定　同位素稀释高分辨气相色谱—高分辨质谱法》（HJ77.2—2008）进行。

（3）食物样品 PCDD/Fs 的采样和测定方法

1）食品样品的采集依据及对象

样品采集的对象应与研究对象所在地膳食水平、膳食习惯密切相关。首先对典型地区的人群进行膳食习惯的调查，确定当地的膳食结构特点。在此基础上，需考虑二噁英的亲脂性及其容易在生物体内高度积累的特性来确定采集的样品。主要围绕着肉类、蛋类、水产类、奶制品类和主要蔬菜进行二噁英（PCDD/Fs）的浓度分析。通过问卷调查，确定上述五类食物的主要品种。

2）样品的初步处理

根据当地人的膳食调查，确定不同样品在食物中的大致比例，根据这个比率对不同的样品进行混合，匀浆后，形成一个当地的混合样品。利用冷冻干燥机（美国 Labconco 公司）对样品进行冷冻干燥。并放在-20℃冰箱中保存以待化学分析。

3）样品的前处理

前处理过程参见图 1-2。

4）仪器与操作条件

Trace 气相色谱仪（美国赛默飞世尔科技公司）。DFS 型质谱仪（美国赛默飞世尔科技公司），分辨率 $R \geq 10\ 000$。无分流进样，进样口温度是 290℃，进样体积是 1 μl。传输线温度是 300℃，高纯氦（纯度＞99.995%）作为载气，流速是 1 ml/min。质谱条件：EI 源，监测氯（溴）同位素 2 个分子离子峰（M 和 M+2）或其他丰度较高离子，同时监测相应的 ^{13}C 稳定性同位素内标氯同位素的两个分子离子，通过不同窗口对不同氯取代程度的异构体分别定量。其他的条件如下：RTX-dioxin2 毛细管色谱柱（60 m×0.25 mm×0.25 μm）。程序升温：起始温度 130℃，保持 1 min；再以 30℃/min 的速度上升到 205℃ 并保持 1 min；最后以 3℃/min 的速度上升到 310℃ 并保持 30 min。离子源温度 260℃。

5）PCDD/Fs 测定

处理好的样品使用同位素稀释高分辨气相-高分辨质谱法测定，具体测定方法参见环境空气中 PCDD/Fs 测定，根据仪器的数据计算出当地食品中 PCDD/Fs 的浓度水平和污染特征。

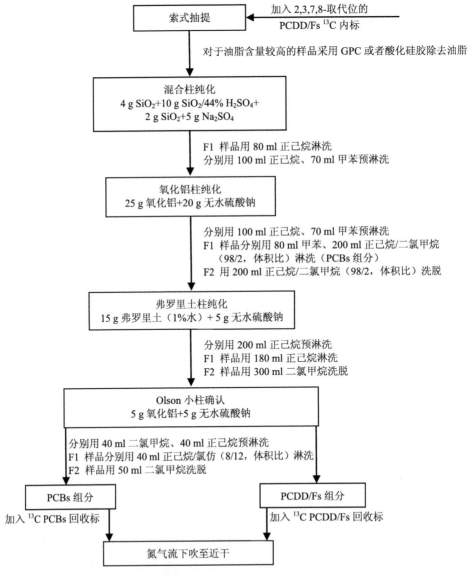

图 1-2 食物中 PCDD/Fs 测定的纯化分析步骤

（4）典型行业 PCDD/Fs 暴露人群的选择和健康状况评价

1）研究对象的选择

综合相关文献，本项目选取 3 个典型行业：钢铁冶炼铸造行业、含氯化工行业、垃圾焚烧行业的劳动者为研究对象。这 3 个行业均为我国 PCDD/Fs 重点排放行业，具有代表性，能反映我国 PCDD/Fs 污染的主要特征。拟定的企业为：某钢铁铸造厂、某氯化工厂、某两个垃圾焚烧厂。首先，明确各企业的工艺流程，根据使用的原材料和生产方式标注 PCDD/Fs 的释放或排放点，以 PCDD/Fs 释放或排放点为圆心，半径 200 m 范围划分企业内主要的 PCDD/Fs 污染区域。

研究对象的选择原则：选择企业 PCDD/Fs 污染区域内工作 3 年以上的所有员工，如员工人数超过研究需要的人数，则按随机抽样的原则选择研究对象，排除急性疾病如发烧或传染性疾病患者。企业员工在工作时直接暴露于 PCDD/Fs，为本研究的 PCDD/Fs 的高暴露组。

在典型行业周边 5 km 范围内各选择与高暴露组性别和年龄分布相同的居民，经询问职业史，排除存在 PCDD/Fs 排放企业的员工，这些研究对象为 PCDD/Fs 低暴露组。选择远离典型行业（20km 以上）的非 PCDD/Fs 污染的清洁地区为对照地区，对照地区拟选择湖北省神龙架风景区，该区无 PCDD/Fs 排放企业，在对照地区选择与高暴露组性别和年龄分布相同的居民。

2）研究对象调查研究

针对调查对象，收集基本工作信息，采用统一调查表，统一培训调查员，并由调查人员询问研究对象和填写调查表。调查内容包括：

人口学特征，如出生地、生日、身高、体重、文化程度和婚姻情况等；疾病史、家族疾病史和近期用药史，包括既往患病（正规医院诊断）种类和患病年龄，有无家族遗传性疾病，近期用药的情况；个人生活方式和嗜好，包括居住环境、个人吸烟、饮酒情况，使用的燃料和取暖燃料情况；饮食信息，包括每天主食、肉、蛋、奶、水产类、蔬菜、水果的食用量；职业史，包括自开始工作以来的工作经历情况，经历的工种和起止时间。

3）人群健康状况评价

所有研究对象参加健康体检，医疗检查项目委托当地有资质的医院进行。不同地区的检查项目一样。体检前日被检查者限高脂高蛋白饮食，避免使用对肝、肾功能有影响的药物，不食用夜宵，保证良好睡眠。体检当日早晨应禁食、禁水、憋尿。体检时，先抽血，留取尿样，然后进行各项检查。除常规检查外，实验室进行血液总氧化损伤和脂质氧化损伤等测定，为分析 PCDD/Fs 的健康损伤提供依据。

4）人群研究的质量控制与分工合作

人群调查、血样收集和体检过程均采用统一的调查表和体检表格，调查前统一培训调查员，调查过程严格进行质量控制。研究人群基础信息收集和健康体检的任务分工，湖北省的 2 个企业和清洁对照由华中科技大学负责组织、问卷调查和安排体检，并采集血液样品，湖北省预防医学科学院协作；北方某市的2个企业由天津医科大学负责组织、问卷调查和安排体检，并采集血液样品，中国环境科学研究院协作。华中科技大学和天津医科大学经统一方案和培训后开始实施，使用同样的调查表和体检表，所有数据均统一类型和格式，研究过程中执行同样的质量控制体系。人群研究技术路线见图1-3。

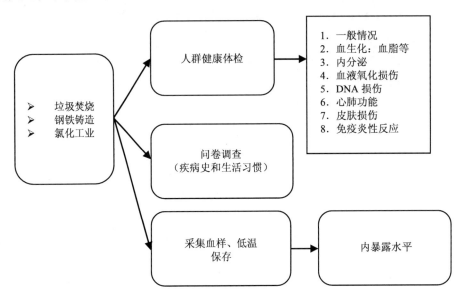

图 1-3　典型行业/区域人群 PCDD/Fs 内暴露和健康检查研究线路

（5）典型行业/区域人群 PCDD/Fs 暴露水平调查与评估研究

1）人群个体 PCDD/Fs 内暴露水平测定

使用研究对象的血清，经前处理后进行 PCDD/Fs 内暴露水平测定，血样采集后分离血清，低温（−20℃或以下）保存。获得研究对象 PCDD/Fs 内暴露，结果以毒性当量（TEQ）表示。同时测定研究对象的血脂总量，以此校正 PCDD/Fs 的 TEQ，作为研究对象 PCDD/Fs 的内暴露值。

2）典型行业区域及其人群环境 PCDD/Fs 的暴露测定和估算

典型行业区域人群 PCDD/Fs 暴露评估需要3个方面的数据。一是环境空气中 PCDD/Fs 水平测定；二是常见食物中 PCDD/Fs 水平的测定；三是研究对象主要停留地点和时间、饮食习惯的调查。

3）典型区域人群环境 PCDD/Fs 的暴露估算

a 通过环境空气吸入 PCDD/Fs 暴露量估算

企业员工吸入 PCDD/Fs 量采用公式 1-1 计算。

$$\ln \mathrm{h}_{\mathrm{m/f}} = \frac{V_{\mathrm{rm/f}} \times C_{\mathrm{air}} \times t \times f_{\mathrm{r}}}{W_{\mathrm{m/f}}} + \frac{V1_{\mathrm{rm/f}} \times C1_{\mathrm{air}} \times t1 \times f_{\mathrm{r}}}{W_{\mathrm{m/f}}} \tag{1-1}$$

式中，$\mathrm{Inh}_{\mathrm{m/f}}$ 为 PCDD/Fs 的吸入量，pg TEQ/(kg·d)；$V_{\mathrm{rm/f}}$ 为肺通气量，L/min；$V1_{\mathrm{rm/f}}$

为工作时肺通气量，L/min；C_{air} 为环境空气中 PCDD/Fs 浓度，pg TEQ/m³；Cl_{air} 为生产环境空气中 PCDD/Fs 浓度，pg TEQ/ m³；t 为每天休息时间，h；$t1$ 为每天工作时间，h；f_r 为肺残气量，成年用 75%；$W_{m/f}$ 为体重，kg。

研究区域对照和清洁区研究对象吸入 PCDD/Fs 量采用公式 1-2 计算。

$$\ln h_{m/f} = \frac{V_{rm/f} \times C_{air} \times t \times f_r}{W_{m/f}} \tag{1-2}$$

式中，$Inh_{m/f}$ 为 PCDD/Fs 的吸入量，pg TEQ/（kg·d）；$V_{rm/f}$ 为平均肺通气量，L（一般成年人按 20 L 计）；C_{air} 为环境空气中 PCDD/Fs 浓度，pg TEQ/m³；t 为 24 h；f_r 为肺残气量，成年人一般为 75%；$W_{m/f}$ 为体重，kg。

b 每天食品摄入 PCDD/Fs 量估算

研究食物摄入 PCDD/Fs 量采用公式 1-3 计算。

$$F_{m/f} = \left(V1 \times f1 + V2 \times f2 + V3 \times f3 + V4 \times f4 + V5 \times f5 \right)/W_{m/f} \tag{1-3}$$

式中，$F_{m/f}$ 为食物 PCDD/Fs 摄入量，pg TEQ/（kg·d）；$V1 \sim V5$ 为不同食物中 PCDD/Fs 的浓度，pg TEQ/kg）；$f1 \sim f5$ 为每天该类食物的平均摄入量；$W_{m/f}$ 为体重，kg。

研究对象 PCDD/Fs 的外暴露量为通过环境空气吸入和食品摄入 PCDD/Fs 量的合计值。

（6）构建典型行业区域环境 PCDD/Fs 健康风险调查及评估技术

分析内暴露样品中 PCDD/Fs 的含量，构建内暴露和外暴露 PCDD/Fs 的定量关系；利用已有 PCDD/Fs 毒性系数的有关资料评估 PCDD/Fs 暴露对人体健康的危害风险；根据 PCDD/Fs 暴露评价的结果，结合人口统计学、人群暴露参数等数据和毒理学数据，初步估算人群暴露 PCDD/Fs 的健康风险。

1）PCDD/Fs 内暴露与环境暴露的关系

PCDD/Fs 内暴露与外暴露的关系估算，根据前面测定和估算研究对象的内暴露和外暴露结果，将两者的数据值进行散点图分析，采用广义线性模型或非线性模型拟合研究对象血液 PCDD/Fs 水平与 PCDD/Fs 外暴露的关系。拟采用模型为：

$$\begin{aligned} \text{PCDD/Fs 内暴露} \approx k0 + k1 \times \text{空气吸入 PCDD/Fs 暴露量} + k2 \times \text{食物摄入} \\ \text{PCDD/Fs 量} + k3 \times \text{PCDD/Fs 代谢排出量} \end{aligned} \tag{1-4}$$

式中，$k0$、$k1$、$k2$、$k3$ 为参数，通过计算求出；PCDD/Fs 代谢排出量通过参阅文献获得，通过计算校正。

2）典型行业区域环境 PCDD/Fs 健康风险评估

利用 PCDD/Fs 的毒性资料，运用模糊数学理论和层次分析理论，建立多个风险因子的因子集、评价集、隶属函数和权重集等模糊集合，根据专家评判法确定其权重，采用加权平均原则相结合，对 PCDD/Fs 的环境风险进行模糊评价，进一步构建内暴露 PCDD/Fs 的健康风险评价模型。

内暴露 PCDD/Fs 对某类健康损害（如皮肤损伤、致癌）的风险估算拟在初步计算的基础上采用韦伯分布模型或生存分析模型，以发病或早期健康损伤（如 DNA 损伤或皮肤氯痤疮）为终点结局，计算研究对象内暴露与健康损伤的关系。

$$PCDD/Fs\ 的健康风险 \approx a1 \times 行业 + a2 \times PCDD/Fs\ 内暴露水平 + a3 \times 个体易感因素 \quad (1\text{-}5)$$

式中：$a1$、$a2$、$a3$ 为参数，通过计算获得。个体易感因素包括个体身体素质、家族遗传史、既往疾病史和其他有害因素如吸烟等，可通过查阅文献、多因素回归分析等筛选对该类健康风险有意义（差异有统计学意义，$P < 0.05$）的多个个体易感因素。

（7）总体质控方法

1）现场环境调查和 PCDD/Fs 样品采集的质控方案

为保证研究的质量，对调查的各环节制定严格的质量控制措施，调查数据尽可能客观反映真实情况。质量控制贯穿调查的整个过程中，包括调查设计阶段的质量控制、采样人员培训的质量控制、现场采样的质量控制，以及资料整理录入阶段和数据汇总、统计、分析的质量控制。

a 调查前的质量控制

明确调查和采样的目的，确定样本数量和采样方法。同时开展调研与预采样，以验证采样方法的可操作性，评价技术路线的可行性和了解现场采样可能出现的重要关键技术难点。

b 现场工作质量控制

样品采集：满足国家相关标准规范的要求；按要求填好采样地点、采样时间、采样人、记录人、核对人，出现异常要有附加说明记录。样品进行统一编号，包括样品序号、监测站点、监测项目、采样日期，并按要求贴好标签，采样人员应认真核对，记录其状态是否异常或与监测方法中所描述的标准状态有所偏离。

采样质控措施：按照不同样品规定进行全程序空白实验，有条件时采取平行样。

采样和样品运输保存的控制：采样过程宜采用全程控制，从样品采集到测定这段时间间隔内，样品待测组分不产生任何变异或使发生的变化控制在最小限度。在样品保存、运输等各个环节都必须严格遵守针对不同样品的不同情况和待测物特性实施保护措施。

2）人群调查研究的质量控制系统

人群调查过程中质量控制是不可缺少的，调查质量控制系统用来监督和控制调查过程中各方面工作，从研究对象确定、研究样本选择、各类资料收集以及资料分析准备等均按质量控制系统管理。

a 编制质量控制要求

调查质量控制系统的执行主要包括工作记录、工作报告和监督。

①工作报告是下级调查人员向项目管理人员汇报工作进展的材料，分为定期报告和特殊报告。工作记录需客观记录调查过程中的事件，如调查对象的情况、资料收集日期、资

料收集员姓名、资料的数量和转送情况，以及资料收集中存在的问题和原因等。反映调查工作的执行情况、出现的问题和解决情况等。监督是项目管理人员有计划、有目的地安排的定期检查。首先是督促各层次调查人员认真完成其职能，考察其对调查目的和内容的理解程度，了解其工作效率和准确性；其次要监督调查工作的进度；最后是了解调查工作的质量，可选择几个关键指标进行检查，如调查中出现的遗漏率、缺项率、错误率以及摘抄内容与原始资料的符合率，并且记录发生错误情况的原因。项目管理人员根据监督结果，可及时调整调查的进度和弥补不足。

②培训调查人员

调查员在参加调查前须接受培训，以保证调查时以一致的方式收集资料。培训内容包括：调查目的、内容和方法的介绍；调查方法的讲授和演示；调查质量控制系统的含义、执行方式和现场调查的监督办法；预调查测试和再培训。

③调查问卷现场工作质量控制

统一问卷表格，现场调查员做问卷调查时，调查员应熟悉调查表中的每个问题，按填表说明对调查项目的统一规定进行分类，耐心仔细与研究对象进行沟通，调查完毕后及时检查漏项和书写错误，以及是否有逻辑错误及前后不一致的情况，调查表调查员如遇到任何疑问及无法自行解决的问题应及时向相应调查点的质控员反映；每完成一个调查对象，调查员应对调查表进行自查，检查调查表是否有错项、漏项及明显的逻辑错误，及时纠正；督导员进入调查点督导，发现问题及时纠正，帮助调查员提高技术和责任心。当天的调查结束后，首先是调查员对自己收录的资料校正，其次是现场监督员的校正，核实所有记录的确切性和完整性，尽快改正错误，并记下遗漏，以便经过时再调查弥补，同时对某些特殊的信息要附加详细说明。各调查点质控员对所有调查问卷进行复查，检查问卷的填写和缺失情况，发现问题后及时与调查点负责人及调查员沟通交流并确定解决方法。

④资料录入与复核的质量控制

统一数据录入格式，控制数据录入质量，采用双录入方式进行数据录入。在计算机录入程序中设定相应的逻辑控制及核查程序，及时指出调查和录入时产生的错误，有效控制数据质量。对数据进行认真审核。资料的复核就是重新摘录或随访，目的是审查调查员的工作是否正确，一般复核 5%～10%就足以查出问题。现场监督员执行复核。通过查出的情况来评价所取得资料的可靠性，也可以发现调查员存在的问题，如项目理解的程度。当然，复核的随访资料与前次不一样也可能是被访者造成的，因此，要尽量选择固定项目进行复核。数据的整理与分析采用专业统计软件 SAS、SPSS 进行。

⑤资料处理的质量控制

现场收集完成后应汇总和登记，然后由专人负责对收集的资料编码和输入计算机，建立调查数据库。在此基础上，使用数据库程序实现资料的审核，包括调查对象的唯一性、资料的齐备性、合理性和逻辑性检查等。预处理中发现的遗漏和错误可先查看原始表格，如不能解决，要反馈到现场再核实，因此，资料预处理也可说是质量控制体系的质量保证。

3）人群体检的质量控制系统

体格检查的医生必须是具有执业医师资格证的临床医生，开展体检之前对医生开展培训，确保各调查点体检流程和体检操作的一致性。体格检查需按照标准规范操作，不缺漏项目。体检完成后必须由体检医生签名。标本采集时按照规范操作，采样的同时注意张贴条形码编号和填写标本登记表。

4）实验室测定的质量控制

a 实验室资质要求

参与本项目的实验室均为通过剂量认证和实验室认证的实验室。实验室运行管理规范，配备所承担任务相配套的实验室仪器设备和人员，有符合专项调查要求的质量控制与质量保证管理系统，应有严格、健全的资料保密制度。检测人员是持证上岗。确保检测操作符合质量要求，使用统一提供的试剂并按照要求正确使用，确保检测方法和检测流程的一致性。

b 实验室内部的质量控制

实验室样品的分析测试须严格遵循我国颁布的标准方法或项目总体技术组专家认可的分析方法所规定的质量控制技术要求，应用实施方案确定的分析方法进行；采用平行样控制分析的精密度，每批次监测分析应不少于10%的平行样，样品量较少时，至少做1份平行样。若测定平行双样的相对偏差在允许范围内，最终结果以双样测定值的平均值报出；若测试结果超出规定允许偏差范围，在样品允许保存期内，再加测一次，监测结果取相对标准偏差符合质控指标的两个监测值的平均值，否则该批次监测数据失效。

实验室分析准确度采用标准样品、质控样品或实验室加标回收中任意一种方法进行控制；采用随机抽取样品进行双样平行和加标回收率的测定，双平行样不少于样品总数的10%，平行样的相对偏差小于20%，回收率范围需在70%～130%。对可以得到标准样品和质量控制样品的监测项目应做质控样品分析,质控样品的测试结果应控制在80%～120%。

妥善保存好监测采样、分析的原始记录，确保能够复原再现采样监测过程。按国家标准和监测技术规范有关要求进行数据处理和填报，并按有关规定和要求进行三级审核。

生物样品采集后，应低温保存，并及时送至实验室分析。对于各项检验项目均随机抽取5%进行复检，检查测量结果的一致性，保证测量结果的准确性。

实验室检测数据采用统一的报告模板，经过三级审核后在10个工作日内上报数据。

2 人体外周血 PCDD/Fs 的内暴露测定

2.1 研究对象的选择与血样采集

经查阅文献和预实验分析，本项目选择了铸造行业（某钢铁铸造厂）、氯化行业（某氯化工厂）、垃圾焚烧业（某市 2 个垃圾焚烧厂）为典型行业，选择各典型行业工厂周边 3～5 km 以外的居民区为暴露对照组，选择没有产生和排放 PCDD/Fs 工业的湖北省神龙架林区为清洁对照区。研究人群包括铸造工人 216 人、铸造厂周边居民 101 人、氯化工厂工人 84 人、周边居民 212 人、垃圾焚烧企业 174 人、周边居民 74 人、神龙架林区某水利发电厂工人 123 人，合计研究对象 984 人。

血样的采集采取自愿原则，自愿者填写知情同意书，充分休息后进行采集血样。根据调查表编号，编采血管号，并完整仔细填写采血编号表格信息。具体的采血过程：研究对象取坐位，前臂水平伸直置于桌面枕垫上，由专业护理人员选择容易固定、明显可见的肘前静脉，用消毒碘酊消毒采血部位，沿静脉走向使针头与皮肤呈 30°角，快速刺入皮肤，然后呈 5°角向前刺破静脉壁进入静脉腔，见到回血后将刺塞针端直接刺入非抗凝真空采血管收集 5 ml 左右的全血。达到采血量后，松压脉带，嘱研究对象松拳，依次拔下采血试管和穿刺针。嘱研究对象按压针孔数分钟。每位研究对象采集两管 5 ml 抗凝和一管 5 ml 促凝。采血后，将装有血样的采血管上下颠倒 8～10 次，使抗凝剂与血液充分混合，但不宜剧烈晃动以免出现溶血；促凝剂采血管采样后不宜剧烈晃动，除用于血常规、血糖、血脂和肝功能测定的血样外，以及测定外周血 DNA 损伤（淋巴细胞双核微核实验）后，剩余血样每人 10～15 ml，均冻存于-20℃冰箱，可长期保存，用于测定血 PCDD/Fs。

将促凝管中采集的血液样品冷藏送至实验室后，经过离心沉淀后分离血清保存在-20℃冰箱中保存，以用做血清中 PCDD/Fs 的测定。

2.2 血中 PCDD/Fs 同位素稀释高分辨气相色谱—高分辨质谱法的优化

PCDD/Fs 极具有亲脂性，因此其人体内暴露计量的测量基质通常选择脂肪组织、母乳、血液等脂肪含量较高的基质。由于脂肪组织的采样具有侵害性，而母乳的采样仅限于一部分特殊人群且要特别注意采样时机的选择。因此，选择血液作为人体内暴露计量的测量基质。

提取样品中的脂肪是 PCDD/Fs 分析方法的首要步骤，液液萃取或液固萃取方法是较常使用的提取方法，还有手动填柱萃取法、索氏提取法、加速溶剂萃取法、免疫亲和色谱法等。

血样中 PCDD/Fs 净化方法基本都是基于 SSJ 多柱净化法，只是有的使用手动进行净化，有的使用 FMS 净化，有的将手动和 FMS 结合起来，一般常用硅胶柱、氧化铝柱、碳柱；也有基于固相萃取柱的净化方法。

血中 PCDD/Fs 的检测除少数使用气相色谱质谱仪（GC/MS）外，其余多使用高分辨气相色谱/高分辨质谱联用仪（HRGC-HRMS）。为了提高血清检测的灵敏度，使用 CZC（cryogenic zone compression）-GC-HRMS、大体积进样口（PTV）或在分析柱前加预柱的方法进行分析。

我们从样品的提取、净化和仪器分析方面进行血清中 PCDD/Fs 检测方法的建立和优化，建立一个高通量、高灵敏度的检测方法。

2.2.1　样品的采集与保存

血清中二噁英检测方法优化所使用的血清均来自某医院门诊体检剩余血液，不涉及伦理学问题。收集的血清于−20℃冰箱中保存。

2.2.2　仪器与试剂

（1）标准溶液

PCDD/Fs 标准曲线系列溶液：EPA1613 Calibration curve solution（CS1-CS5）（加拿大 Wellington 公司），为含有天然和同位素标记的 PCDD/Fs 系列校正溶液。

校正和时间窗口确定的标准溶液：CS3WT 溶液（加拿大 Wellington 公司），用壬烷配制，含有天然和同位素标记 PCDD/Fs（定量内标、净化内标和回收率内标）的溶液，用于方法的校正和确证，并可以用于 DB-5 ms 毛细管柱时间窗口的确定和 2,3,7,8-TCDD 分离度的检查。

PCDD/Fs 定量内标溶液：EPA1613LCS（加拿大 Wellington 公司），用壬烷配制的 ^{13}C-PCDD/Fs 溶液，见表 2-1。

PCDD/Fs 回收率内标溶液：EPA1613ISS（加拿大 Wellington 公司），用壬烷配制的 ^{13}C-1,2,3,4-TCDD 和 ^{13}C-1,2,3,7,8,9-HxCDD 溶液，见表 2-1。

PCDD/Fs 天然（目标化合物）标准溶液：Method 8290 Matrix Spiking Solution（美国 Cambridge Isotope Laboratories 公司）。

表 2-1　PCDD/Fs 定量内标和回收率内标的浓度

定量内标	浓度/（ng/ml）	回收率内标	浓度/（ng/ml）
^{13}C-2,3,7,8-TCDD	100	^{13}C-1,2,3,4-TCDD	200
^{13}C-1,2,3,7,8-PeCDD	100	^{13}C-12,3,7,8,9-HxCDD	200
^{13}C-1,2,3,4,7,8-HxCDD	100		
^{13}C-1,2,3,6,7,8-HxCDD	100		
^{13}C-1,2,3,4,6,7,8-HpCDD	100		
^{13}C-OCDD	200		
^{13}C-2,3,7,8-TCDF	100		
^{13}C-1,2,3,7,8-PeCDF	100		
^{13}C-2,3,4,7,8-PeCDF	100		
^{13}C-1,2,3,4,7,8-HxCDF	100		
^{13}C-1,2,3,6,7,8-HxCDF	100		
^{13}C-1,2,3,7,8,9-HxCDF	100		
^{13}C-2,3,4,6,7,8-HxCDF	100		
^{13}C-1,2,3,4,6,7,8-HpCDF	100		
^{13}C-1,2,3,4,7,8,9-HpCDF	100		

（2）试剂

正己烷（德国 Merck 公司，农残级）、二氯甲烷（美国 J.T.Baker 公司，农残级）、甲苯（美国 J.T.Baker 公司，农残级）、乙酸乙酯（美国 TEDIA 公司，农残级）、壬烷（J&K）、丙酮（美国 J.T.Baker 公司，农残级）、甲醇（美国 TEDIA 公司，色谱级）、无水乙醇（国药集团化学试剂有限公司，优级纯）、浓硫酸（国药集团化学试剂有限公司，优级纯）、甲酸（美国 ROE 公司，色谱纯）、无水硫酸钠（国药集团化学试剂有限公司，分析纯）、硫酸铵（国药集团化学试剂有限公司，分析纯）、硅藻土（德国 Merck 公司，EXtrelut）。

无水硫酸钠用两倍体积的二氯甲烷淋洗，洗后的无水硫酸钠在马弗炉中 600℃烘烤 6 h 后，方可使用。

Bond Elute C$_{18}$（500 mg/6 ml）固相萃取小柱，SampliQ SCX（60 mg/3 ml）固相萃取小柱，Bond Elute Silica（500 mg/3 ml）固相萃取小柱，Bond Elute Florisil（1 g/6 ml）固相萃取小柱（美国瓦里安技术中国有限公司）硅胶净化柱，氧化铝净化柱，活性炭净化柱（美国 Fluid Management Systems，FMS 公司）。

（3）仪器

冷冻干燥机（德国 LABCONCO 公司）、全自动索氏提取仪（瑞士 Buchi 公司，E-811）、加速溶剂萃取仪（瑞士 Buchi 公司，E-914）、安捷伦固相萃取装置（美国 Agilent 公司）、全自动样品净化系统（北京普立泰科仪器有限公司，JF 602）、离心机（德国 HERMLE 公司，Z383K）、旋转蒸发仪（瑞士 Buchi 公司）、氮气浓缩仪（武汉泰仕德科技有限公司，

QYN100-1）、高分辨气相色谱-高分辨磁质谱（HRGC-HRMS，美国 Thermo 公司，DFS）、DB-5 ms 色谱柱（美国 Agilent 公司，60 m×0.25 mm×0.25 μm）。

2.2.3　实验条件

（1）样品前处理条件

取 2 ml 血清冷冻干燥后，与硅藻土混匀并装入萃取池中，添加 PCDD/Fs 定量内标，然后使用加速溶剂萃取仪以正己烷：二氯甲烷(1∶1)进行提取，萃取条件（130℃，100bar，2 个循环，第 1 次循环保持 5 min，第 2 次循环保持 10 min）。提取完毕后将提取液旋蒸至 1 ml，加入 20 ml 正己烷置换后再旋蒸至 5 ml 以备下一步的净化使用。浓缩后的样品溶液使用全自动样品净化系统（Fluid Management Systems，FMS）结合混合硅胶柱、氧化铝柱、活性炭柱按照设定好的溶剂洗脱程序进行净化。净化后的溶液旋转蒸发浓缩至 1 ml 后，将溶剂转换为壬烷，在氮气浓缩仪下浓缩至 20 μl，加入回收率内标后待仪器分析。

（2）仪器条件

1）PTV 进样口条件

进样口温度：80℃（保持 0.1 min）；以 2℃/min 升至 120℃（保持 0.6 min）；以 14.5℃/min 升至 310℃（保持 1 min）；以 14.5℃/min 升至 340℃（保持 25 min）。进样量，10 μl。

2）色谱条件

色谱柱：DB-5 ms 色谱柱（60 m×0.25 mm×0.25 μm）。色谱柱温度：120℃（保持 1 min）；以 43℃/min 升至 220℃（保持 15 min）；以 2.3℃/min 升至 250℃，以 0.9℃/min 升至 260℃，以 20℃/min 升至 310℃（保持 9 min）。载气流量：0.8 ml/min。传输线温度：300℃。

3）质谱条件

分辨率≥10 000，EI 电离源，电离能量：35eV，SIM，源温：250℃。

2.2.4　结果计算

二噁英化合物的定量使用同位素稀释法进行定量，以目标物的两个精确质量数的离子共同进行定量，且两个目标离子必须满足一定的丰度比。进样二噁英的标准系列，计算定量内标化合物相对于目标化合物的 RRF，计算 5 个浓度标准溶液对应的 RRF，计算平均 RRF 值，见公式 2-1；然后使用 RRF 值对目标化合物进行定量，见公式 2-2。

$$\text{RRF} = \frac{(A_{1n} + A_{2n}) \times C_m}{(A_{1m} + A_{2m}) \times C_n} \tag{2-1}$$

式中：A_{1n} 为标准溶液中 PCDD/Fs 目标化合物第一个离子的峰面积；A_{2n} 为标准溶液中 PCDD/Fs 目标化合物第二个离子的峰面积；C_n 为标准溶液中 PCDD/Fs 目标化合物的浓度，ng/ml；A_{1m} 为标准溶液中 PCDD/Fs 定量内标化合物第一个离子的峰面积；A_{2m} 为标准溶液中 PCDD/Fs 定量内标化合物第二个离子的峰面积；C_m 为标准溶液中 PCDD/Fs 定量内标化合物的浓度，ng/ml。

$$C_s = \frac{(A_{1n} + A_{2n}) \times m_m}{(A_{1m} + A_{2m}) \times \text{RRF} \times m_n}$$

（2-2）

式中，C_s 为血清样品中 PCDD/Fs 目标化合物的浓度，pg/ml；A_{1n} 为血清样品中 PCDD/Fs 目标化合物第一个离子的峰面积；A_{2n} 为血清样品中 PCDD/Fs 目标化合物第二个离子的峰面积；m_m 为血清样品中 PCDD/Fs 定量内标化合物的量，pg；A_{1m} 为血清样品中 PCDD/Fs 定量内标化合物第一个离子的峰面积；A_{2m} 为血清样品中 PCDD/Fs 定量内标化合物第二个离子的峰面积；RRF 为 PCDD/Fs 相对于其定量内标的响应因子；m_n 为血清样品的量，ml。

由于 13C-1,2,3,7,8,9-HxCDD 为回收率内标，因此样品中 1,2,3,7,8,9-HxCDD 的含量使用 13C-1,2,3,6,7,8-HxCDD 的 RRF 进行定量计算；由于 OCDF 没有对应的定量内标，因此样品中 OCDF 的含量使用 OCDD 的 RRF 进行定量计算。

PCDD/Fs 的总含量是将 17 种 PCDD/Fs 的含量相加。未检出的化合物按检出限计算。

进样二噁英的标准系列，计算定量内标化合物相对于回收率内标化合物的响应因子，根据响应因子计算内标化合物的浓度，定量内标化合物的浓度与回收率内标化合物的浓度的比值即为定量内标的回收率。

2.2.5　质量控制

为了控制实验室内二噁英的本底和防止交叉污染，重复使用的器皿均需使用洗洁精清洗，并使用热水超声清洗。在使用前均需要用二氯甲烷、正己烷进行润洗。

每做 7 个样品即进行 1 个全过程空白实验。PCDD/Fs 定量内标的回收率为 33%～114%，符合 GB 5009.205—2013 和 EPA1613 的要求，两标准定量内标回收率的要求相同。

2.2.6　结果与讨论

（1）不同前处理方法的实验步骤

为了选择合适的方法进行血清样品的前处理，参考了国内外的众多文献，并将总结的血液中二噁英的测定方法列于表 2-2 中。

表 2-2　血液中二噁英的测定方法

基质	用量/ml（g）	提取技术	净化技术	仪器方法
全血	40	改良硅胶与氯化钠混合后转移至玻璃柱中作为萃取柱，正己烷/异丙醇（3:2）进行提取	SSJ 多柱净化法	HRGC-HRMS
血清	100	饱和硫酸铵溶液，乙醇，正己烷提取	SSJ 多柱净化法	HRGC-HRMS
血清	100	草酸钾，乙醇，乙醚，戊烷提取	SSJ 多柱净化法	HRGC-HRMS

基质	用量/ml（g）	提取技术	净化技术	仪器方法
血清	5	饱和硫酸铵溶液，25%乙醇正己烷溶液提取	多层硅胶柱，碳柱	AT-column HRGC-HRMS，进样 100 μl
血浆	100	C_{18} SPE 柱萃取	硅胶柱，碳柱和铝柱净化	HRGC-HRMS，GC-LRMS
血浆	100	C_{18} SPE 柱萃取	SCX 和 silica SPE 双柱，弗罗里硅土 SPE 柱净化	HRGC-HRMS，GC-LRMS
血清	5～100	C_{18} SPE 柱萃取	FMS 净化	HRGC-HRMS
血清	20	C_{18} SPE 柱萃取	FMS 净化	PTV-HRGC-HRMS，进样 5 μl
血清	1～5	C_{18} SPE 柱萃取	FMS 净化	CZC-GC-HRMS
全血	15	索氏提取	硅胶柱，氧化铝柱净化，FMS 分离 PCB/PBDE	HRGC-HRMS
全血	5	ASE 提取	0.5 g 硝酸银硅胶柱，0.5 g 碳柱	SCLV-HRGC-HRMS

最终选择 6 种前处理方法进行比较。每种检测方法均做一个全过程空白试验，以控制每种方法的本底情况；并选用门诊血清作为基质样品，做基质空白实验，并做平行加标试验以验证方法的基质加标回收率：四氯代二噁英类物质的加标量为 10 pg，五氯代-七氯代二噁英类物质的加标量为 25 pg，八氯代二噁英类物质的加标量为 50 pg，加标量见表 2-3。

表 2-3　PCDD/Fs 目标化合物的添加量

PCDD/Fs	加标量/pg	PCDD/Fs	加标量/pg
2,3,7,8-TCDD	10	2,3,7,8-TCDF	10
1,2,3,7,8-PeCDD	25	1,2,3,7,8-PeCDF	25
1,2,3,4,7,8-HxCDD	25	2,3,4,7,8-PeCDF	25
1,2,3,6,7,8-HxCDD	25	1,2,3,4,7,8-HxCDF	25
1,2,3,7,8,9-HxCDD	25	1,2,3,6,7,8-HxCDF	25
1,2,3,4,6,7,8-HpCDD	25	1,2,3,7,8,9-HxCDF	25
OCDD	50	2,3,4,6,7,8-HxCDF	25
		1,2,3,4,6,7,8-HpCDF	25
		1,2,3,4,7,8,9-HpCDF	25
		OCDF	50

1）索氏提取-FMS 净化法

2 ml 血清加 40 g 无水硫酸钠干燥，在研钵中研磨成均匀的能自由流动的粉末，然后装入纸滤筒中，添加 PCDD/Fs 定量内标，做平行加标实验的两个样品除添加定量内标外同时添加含天然 PCDD/Fs 的标准溶液。然后使用全自动索氏提取仪，以正己烷：丙酮（1：1）为提取溶剂提取 72 个循环。提取完毕后，在旋转蒸发仪下将溶剂全部置换为正己烷，并旋蒸至 5 ml 以备下一步的净化使用。浓缩后的样品溶液使用 FMS 结合混合硅胶柱、氧化铝柱、活性炭柱按照设定好的溶剂洗脱程序进行净化。

2）加速溶剂萃取仪提取-FMS 净化法

取 2 ml 血清冷冻干燥后，与硅藻土混匀并装入萃取池中，添加 PCDD/Fs 定量内标，做平行加标实验的两个样品除添加定量内标外同时添加含天然 PCDD/Fs 的标准溶液。然后使用加速溶剂萃取仪以正己烷：二氯甲烷（1：1）进行提取，萃取条件（130℃，100bar，2 个循环，第 1 次循环保持 5 min，第 2 次循环保持 10 min）。提取完毕后将提取液旋蒸至 1 ml，加入 20 ml 正己烷置换后再旋蒸至 5 ml 以备下一步的净化使用。浓缩后的样品溶液使用全自动样品净化系统（Fluid Management Systems，FMS）结合混合硅胶柱、氧化铝柱、活性炭柱按照设定好的溶剂洗脱程序进行净化。

3）浓硫酸-正己烷提取-FMS 净化法

取 10 ml 具塞比色管，加入定量内标后加 2 ml 血清，做平行加标实验的两个样品除添加定量内标外同时添加含天然 PCDD/Fs 的标准溶液，涡旋 2 min 后，超声 15 min，然后于 4℃冰箱中过夜放置，以使二噁英的标准物质均匀分布于血清样品中。然后将血清样品从冰箱中取出平衡至室温，添加 2 ml 浓硫酸，此处浓硫酸的量需过量，以使蛋白变性并完全碳化，否则加入正己烷进行提取时溶液成凝胶状，不利于二噁英的提取。添加浓硫酸后，涡旋 2 min，添加 2 ml 正己烷后涡旋 5 min，超声 10 min 进行提取，然后以 3 500 r/min 的转速离心 10 min，使溶剂完全分层后，将上层的正己烷层转移至另一具塞比色管中。下层再用 2 ml 正己烷提取 2 次，以保证二噁英的提取效率。提取完毕后，将溶剂氮吹至 5 ml，以备下一步的净化使用。浓缩后的样品溶液使用 FMS 结合混合硅胶柱、氧化铝柱、活性炭柱按照设定好的溶剂洗脱程序进行净化。

4）饱和硫酸铵-乙醇-正己烷提取-FMS 净化法

与浓硫酸-正己烷提取方法相同，需要先将添加了标准物质的血清样品于 4℃冰箱中放置过夜。2 ml 血清样品添加 2 ml 饱和硫酸铵溶液，涡旋 2 min，添加 5 ml 乙醇：正己烷（1：3）溶液后再涡旋 5 min 并超声 10 min 进行提取，然后以 3 500 r/min 的转速离心 10 min，使溶剂完全分层后，将正己烷层转移至另一具塞比色管中。下层再用 4 ml 正己烷提取 2 次。将正己烷层用超纯水洗以除去提取液中极性较大的干扰物，然后将正己烷层转出并加入少量的无水硫酸钠除水后[26-27]，将提取液氮吹至 5 ml，以备下一步的净化使用。浓缩后的样品溶液使用 FMS 结合混合硅胶柱、氧化铝柱、活性炭柱按照设定好的溶剂洗脱程序进行净化。

5）C_{18} SPE 柱固相萃取-FMS 净化法

与浓硫酸-正己烷提取方法相同，需要先将添加了标准物质的血清样品于 4℃冰箱中放置过夜。2 ml 血清样品加入 2 ml 甲酸，加入甲酸是为了使目标物完全从样品基质中释放出来，提高 C_{18} SPE 柱对目标物的萃取效率。涡旋 2 min，超声 15 min 后加入 2 ml 纯水，涡旋混匀后再超声 15 min。

C_{18} SPE 柱使用前需要进行活化，用甲醇活化 2 次，每次 6 ml，再用超纯水活化 2 次，每次 6 ml。SPE 柱活化完毕后，将处理好的血清样品上样，样品瓶用超纯水清洗 2 遍。然后使用 10 ml 纯水、2 ml 甲醇依次淋洗 SPE 柱，此过程去除了样品中的极性干扰物和脂肪，然后将 SPE 柱真空抽干（约 30 min），必须保证柱子完全抽干无水，否则影响下一步 PCDD/Fs 的洗脱效率。抽干后的柱子用正己烷洗脱 3 次，每次使用 3 ml 正己烷。将正己烷浓缩至 5 ml，以备下一步的净化使用。浓缩后的样品溶液使用 FMS 结合混合硅胶柱、氧化铝柱、活性炭柱按照设定好的溶剂洗脱程序进行净化。

6）C_{18} SPE 柱固相萃取-SPE 柱净化法

C_{18} SPE 柱萃取二噁英的方法与 C_{18} SPE 柱固相萃取-FMS 净化法相同。只是将正己烷提取液使用 SPE 柱进行净化。正己烷提取液首先使用两根串联的 SCX-Silica SPE 柱进行净化，然后使用弗罗里硅土 SPE 柱进行净化。

SCX（benzene-sulfonylpropyl bond elute）SPE 柱用甲醇每次 3 ml 活化 2 次、丙酮 3 ml 活化 1 次、正己烷每次 3 ml 活化 2 次；Silica SPE 柱用正己烷每次 3 ml 活化 2 次。弗罗里硅土 SPE 柱用二氯甲烷每次 6 ml 活化 2 次、4%二氯甲烷/正己烷 6 ml 活化 1 次、正己烷 6 ml 活化 1 次。

将 SCX 柱连接于 Silica 柱的顶端，将浓缩后的 1 ml 正己烷提取液上样，正己烷每次 1 ml 洗 3 次样品瓶后上样；6 ml 正己烷洗脱双柱后移除 SCX 柱，再用 3 ml 正己烷洗脱 Silica 柱，流出液氮吹至 1 ml。将上一步浓缩后的 1 ml 样品上样，正己烷每次 1 ml 洗 3 次样品瓶后上样，4%二氯甲烷/正己烷 6 ml 淋洗，洗脱液弃去（含多氯联苯，氯代苯等），然后使用 20 ml 二氯甲烷洗脱 PCDD/Fs。

（2）PTV 进样口条件的选择

由于血清中二噁英的含量极低，要检测血清中二噁英的含量可以增加血清的取样量或增大进样量，但是血清样本比较珍贵，较难采集，因此需要增大进样量以提高血清中二噁英检测的灵敏度。

Kitamura K 等提出在 GC 分析毛细管柱前，使用一个 30 cm 的预柱（AT-column）将样品浓缩；进样 100 μl（最终浓缩液的体积是 110 μl，相当于 4.5 g 血清），当进样口设置溶剂沸点处的温度时，载气的压力和溶剂的蒸汽压达到平衡则溶剂停止流动并从衬管上方的孔流出，样品浓缩至 1～1.5 μl 并保留在预柱的柱头，提高进样口和柱温箱的温度使分析物进入 GC 分析柱进行测定，检测限为 0.13～0.61 pg/g 脂肪（使用 5 g 血清进行前处理），检测限较不分流进样（使用 25 g 血清进行前处理）提高了接近 2 倍，且血清用量减少了 5 倍。

实验证明 AT-column 的定量结果和基线噪声与不分流进样 2 μl 一致, 表明样品被 AT-column 充分的浓缩且可适用于 5 g 样品的实际检测。Focant, J 等[25]使用小体积的 SPE 柱 (2 g) 提取 20 g 血清, 提高了回收率和精密度, 减小 FMS 净化柱的体积 (4 g) 以减少空白值, 提高检出限, 样品最后浓缩至 10 μl, PTV 进样 5 μl, 80fgTCDD 的信噪比 (S/N) 为 19, TCDD 的检测限为 0.6 pg/L。Patterson Jr, D G 等[32]使用 CZC (cryogenic zone compression) - GC-HRMS, 在距离色谱柱末端 75 cm 处装一调制器, 由于此方法得出的物质峰很窄, 为了保证足够的时间监测目标化合物, 其对应的同位素内标只监测 1 个离子, 处理 10 g 血清时, 540ag 的 TCDD 两个离子的响应均很高, 325ag 的信噪比为 161; 与传统的 GC-HRMS 比较发现, 4fgTCDD 在传统的 GC-HRMS 未检出, 而在 CZC-GC-HRMS 的 S/N 为 600, 且同位素内标的响应较传统 GC-HRMS 提高了 1 个数量级。

分析前使用预注进行样品的浓缩和 CZC–GC-HRMS 进行血清中二噁英的检测操作较为复杂, 条件较难控制, 因此结合本实验室的条件选择 PTV 进样进行样品的浓缩, 以提高二噁英检测的灵敏度。

PTV 进样口是程序升温大体积进样口, 设置较低的初始温度, 可以将溶剂和低沸点的物质去除, 将样品在进样口浓缩, 然后升高进样口的温度使样品汽化进入色谱柱分析。PTV 进样口的进样量与样品基质的复杂程度和前处理的净化程度有很大的关系。最终选择进样量 10 μl, 程序升温条件: 80℃ (保持 0.1 min); 以 2℃/min 升至 120℃ (保持 0.6 min); 以 14.5℃/min 升至 310℃ (保持 1 min); 以 14.5℃/min 升至 340℃ (保持 25 min) 进行血清中二噁英含量的检测。

（3）标准曲线

二噁英的标准系列不需配制, 直接购买于 Wellington 公司, 包含 CS1～CS5 5 个浓度点, 以壬烷为保存溶剂。2,3,7,8-TCDD 和 2,3,7,8-TCDF 的标准系列浓度依次为 0.5 ng/ml、2 ng/ml、10 ng/ml、40 ng/ml、200 ng/ml, OCDD 和 OCDF 的标准系列浓度为 5 ng/ml、20 ng/ml、100 ng/ml、400 ng/ml、2 000 ng/ml, 其余二噁英化合物的标准系列浓度依次为 2.5 ng/ml、10 ng/ml、50 ng/ml、200 ng/ml、1 000 ng/ml。定量内标化合物的浓度为 100 ng/ml, 除 OCDD 为 200 ng/ml; 回收率内标的浓度为 100 ng/ml。各标准系列分别取 1 μl 进样, 在最佳色谱条件下分析, 计算 5 个浓度标准溶液对应的 RRF, 计算平均 RRF 值, 从而求得样品中二噁英化合物的含量。样品中二噁英化合物浓度采用 RRF 进行计算, 因此不需要绘制二噁英化合的标准曲线。

（4）不同前处理方法 PCDD/Fs 定量内标回收率的比较

由于二噁英在样品中的含量很低, 一般在痕量和超痕量的水平, 同时又存在大量的基质干扰和其他有机物的干扰, 因此二噁英的前处理过程极为复杂, 需经提取、净化、分离、浓缩后才可进行仪器分析。复杂的前处理过程必然会带来目标化合物的损失, 为了准确地对样品中的二噁英进行定量, 采用同位素稀释法进行定量, 由于同位素内标的理化性质和目标化合物极为相似, 因此在前处理过程中, 同位素内标的损失和目标化合物的损失量相当，从而可以准确地对样品中的二噁英含量进行定量。但是为了保证结果的准确性，二噁英样品在检测前添加了回收率内标以反映定量内标的回收率，定量内标的回收率必须满足 GB 5009.205—2013[38]和 EPA-1613[39]的要求。

6 种血清前处理方法 PCDD/Fs 定量内标回收率的结果参见表 2-4，其中，SPE 提取-SPE 净化法和 SPE 提取-FMS 净化法低氯代二噁英定量内标的回收率很低，且两种方法的空白实验回收率很低，有的只有百分之几，因此将 SPE 作为提取方法的两种前处理方法排除。其他四种血清前处理方法 PCDD/Fs 定量内标的回收率较好，索氏提取-FMS 净化法的定量内标回收率在 58.0%～123.3%，ASE 提取-FMS 净化法的定量内标回收率在 38.0%～84.3%，浓硫酸提取-FMS 净化法的定量内标回收率在 43.7%～113.7%，饱和硫酸铵-乙醇-正己烷提取-FMS 净化法的定量内标回收率在 45.0%～109.3%，均符合要求。

表 2-4　6 种血清前处理方法 PCDD/Fs 定量内标回收率的比较（%，$n=3$）

目标化合物	索氏提取-FMS 净化法	ASE 提取-FMS 净化法	SPE 提取-SPE 净化法	饱和硫酸铵-乙醇-正己烷提取-FMS 净化法	SPE 提取-FMS 净化法	浓硫酸提取-FMS 净化法
^{13}C-2,3,7,8-TCDD	71.7	43.7	59.0	58.0	39.0	21.0
^{13}C-1,2,3,7,8-PeCDD	123.0	41.0	85.3	70.0	47.7	44.7
^{13}C-1,2,3,4,7,8-HxCDD	69.3	44.7	47.7	55.0	47.7	52.7
^{13}C-1,2,3,6,7,8-HxCDD	71.7	48.7	65.0	63.7	50.3	55.0
^{13}C-1,2,3,4,6,7,8-HpCDD	72.3	78.7	70.7	67.7	53.7	59.0
^{13}C-OCDD	123.3	84.3	113.7	109.3	76.0	82.7
^{13}C-2,3,7,8-TCDF	66.7	41.3	58.3	61.0	29.3	12.0
^{13}C-1,2,3,7,8-PeCDF	75.7	41.0	54.3	52.3	49.3	45.7
^{13}C-2,3,4,7,8-PeCDF	69.3	38.0	43.7	45.0	24.3	25.7
^{13}C-1,2,3,4,7,8-HxCDF	66.3	77.0	60.7	78.0	78.3	85.0
^{13}C-1,2,3,6,7,8-HxCDF	66.7	71.7	60.0	58.3	59.7	64.0
^{13}C-1,2,3,7,8,9-HxCDF	62.7	65.3	58.0	55.3	55.3	56.3
^{13}C-2,3,4,6,7,8-HxCDF	58.0	55.7	51.7	48.3	33.0	34.0
^{13}C-1,2,3,4,6,7,8-HpCDF	63.7	74.0	62.3	59.7	53.7	58.7
^{13}C-1,2,3,4,7,8,9-HpCDF	69.3	74.0	67.0	64.3	61.3	60.7

注：$n=3$，一个血清基质空白样品和两个血清基质加标样品定量内标回收率的平均值。

（5）不同前处理方法 PCDD/Fs 加标回收率的比较

用加标回收实验验证本方法的准确度。每种前处理方法做一份基质空白，两份平行加标实验；按照各自的前处理方法进行处理后进行检测。两份基质加标样品各自减去基质空白值后，求其平均值。按公式 2-1 计算每种前处理方法的加标回收率。6 种前处理方法中，饱和硫酸铵-乙醇-正己烷提取-FMS 净化法，浓硫酸提取-FMS 净化法，SPE 提取-FMS 净化法，以上三种血清前处理方法的基质加标回收实验均有一次没有检测出添加的 PCDD/Fs，一次结果正常（回收率在 75.3%～114.4%），因此将这三种方法排除。加速溶剂萃取（ASE）提取-FMS 净化法基质空白中 OCDD 的含量很高，为 140 pg，而 OCDD 的添加量为 50 pg，导致 OCDD 的回收率偏低，由于 OCDD 的性质与 OCDF 的性质相似，OCDF 的基质加标回收率结果满意，因此认为 ASE 提取-FMS 净化法的加标回收实验结果符合要求。索氏提取-FMS 净化法，SPE 提取-SPE 净化法两次平行加标实验的结果较满意。

$$R = \frac{m}{M} \times 100\% \qquad (2\text{-}3)$$

式中，R 为 PCDD/Fs 的加标回收率，%；m 为测的 PCDD/Fs 的含量，pg；M 为实际加入 PCDD/Fs 的含量，pg。

（6）不同前处理方法 PCDD/Fs 的空白本底问题

由于二噁英在血清中的含量很低，一般 1 g 脂肪中的含量在几到上百个皮克（pg），因此控制实验室的本底和方法的空白是不容忽视的问题。索氏提取-FMS 净化法的空白干扰较为严重，结果见表 2-5，2,3,7,8-TCDD 和低氯代的 PCDFs 均有检出，会对血清中超痕量二噁英的检测造成很大的干扰，导致二噁英检测结果不准，甚至无法检测，因此索氏提取-FMS 净化法不适用于血清样品中二噁英的检测。其余 5 种前处理方法只有七氯代和八氯代的 PCDDs 有方法空白，空白值见表 2-6。

表 2-5　索氏提取-FMS 净化法 PCDD/Fs 的方法空白

索氏提取-FMS 净化法	含量/pg
2,3,7,8-TCDD	0.94
1,2,3,7,8-PeCDD	n.d.
1,2,3,4,7,8-HxCDD	n.d.
1,2,3,6,7,8-HxCDD	1.87
1,2,3,7,8,9-HxCDD	n.d.
1,2,3,4,6,7,8-HpCDD	6.75
OCDD	5.7
2,3,7,8-TCDF	5.25
1,2,3,7,8-PeCDF	2.65
2,3,4,7,8-PeCDF	0.9
1,2,3,4,7,8-HxCDF	2.31
1,2,3,6,7,8-HxCDF	1.05
1,2,3,7,8,9-HxCDF	0.46
2,3,4,6,7,8-HxCDF	n.d.
1,2,3,4,6,7,8-HpCDF	1.75
1,2,3,4,7,8,9-HpCDF	0.35
OCDF	n.d.

注：n.d.，表示未检出。

表 2-6   5 种血清前处理方法 PCDD/Fs 的方法空白

目标化合物	ASE 提取-FMS 净化法/pg	SPE 提取-SPE 净化法/pg	饱和硫酸铵-乙醇-正己烷提取-FMS 净化法/pg	SPE 提取-FMS 净化法/pg	浓硫酸提取-FMS 净化法/pg
1,2,3,4,6,7,8-HpCDD	0.19	—	0.23	—	0.7
OCDD	2.83	4.38	2.38	3.24	2.5

（7）前处理方法的选择

由于 SPE 提取-SPE 净化法和 SPE 提取-FMS 净化法低氯代二噁英定量内标的回收率很低，因此将这两种方法排除，其不可作为血清中二噁英的前处理方法。基质加标回收实验显示饱和硫酸铵-乙醇-正己烷提取-FMS 净化法，浓硫酸提取-FMS 净化法的基质加标回收实验均有一次没有检测出添加的 PCDD/Fs，因此将这两种方法排除。加之索氏提取-FMS 净化法的空白干扰较为严重，2,3,7,8-TCDD 和低氯代的 PCDFs 均有检出，会对血清中超痕量二噁英的检测造成很大的干扰，导致二噁英检测结果不准，甚至无法检测，因此索氏提取-FMS 净化法不适用于血清样品中二噁英的检测。因此最终选择 ASE 提取-FMS 净化法作为血清中二噁英检测的前处理方法。

（8）方法的检出限

二噁英的数据处理系统针对每一个检测的样品都会自动计算方法的检出限，因此每一个样品都会有自己的一个检出限，但检出限的数值差别不大。本方法列出的方法检出限为 ASE 提取-FMS 净化法血清基质和两次基质加标计算的检出限的平均值。血清取样量为 2 ml，氮吹浓缩后的体积为 20 μl，HRGC-HRMS 的进样量为 10 μl 时计算的方法检出限见表 2-7。

2.2.7   结论

二噁英在血液、血清样品中的含量很低，一般在痕量和超痕量的水平，同时由存在大量的基质干扰和其他有机物的干扰，因此二噁英的前处理过程极为复杂，需经提取、净化、分离、浓缩后才可以进行一起分析。

综合以上结果，选用加速溶剂萃取-全自动样品净化系统自动净化分离法进行测定。

表 2-7   ASE 提取-FMS 净化法的检出限

目标化合物	检出限/（pg/ml）
2,3,7,8-TCDD	0.01
1,2,3,7,8-PeCDD	0.02
1,2,3,4,7,8-HxCDD	0.05
1,2,3,6,7,8-HxCDD	0.06

目标化合物	检出限/（pg/ml）
1,2,3,7,8,9-HxCDD	0.05
1,2,3,4,6,7,8-HpCDD	0.03
OCDD	0.06
2,3,7,8-TCDF	0.01
1,2,3,7,8-PeCDF	0.01
2,3,4,7,8-PeCDF	0.01
1,2,3,4,7,8-HxCDF	0.01
1,2,3,6,7,8-HxCDF	0.01
1,2,3,7,8,9-HxCDF	0.02
2,3,4,6,7,8-HxCDF	0.02
1,2,3,4,6,7,8-HpCDF	0.02
1,2,3,4,7,8,9-HpCDF	0.02
OCDF	0.04

2.3　血中 PCDD/Fs 同位素稀释高分辨气相色谱—高分辨质谱法

2.3.1　试剂与材料

（1）PCDD/Fs 标准溶液系列：本系列采用 EPA1613 规定的标准溶液

校正和时间窗口确定的标准溶液（CS3WT 溶液，加拿大 Wellington 公司），使用时用壬烷配制为标准，为含有天然和同位素标记 PCDD/Fs（定量内标、净化内标和回收率内标）的溶液。

定量内标标准溶液（EPA1613LCS，加拿大 Wellington 公司），用壬烷配制的 $^{13}C_{12}$-PCDD/Fs 溶液。

回收率内标标准溶液（EPA1613ISS，加拿大 Wellington 公司），用壬烷配制的 $^{13}C_{12}$-1,2,3,4-TCDD 和 $^{13}C_{12}$-1,2,3,7,8,9-HxCDD 溶液。

（2）有机溶剂

正己烷（农残级，德国 Merck 公司）、二氯甲烷（农残级，美国 J.T.Baker 公司）、丙酮（农残级，美国 J.T.Baker 公司）、甲苯（农残级，美国 J.T.Baker 公司）、乙酸乙酯（农残级，美国 TEDIA 公司）、壬烷（J&K）。

（3）其他材料

硅藻土（Extrelut，德国 Merck 公司）、硅胶净化柱（PCB Free Classical Disponsable Silica ABN Column，美国 Fluid Management Systems，FMS 公司）、氧化铝净化柱（PCB Free Disposable Alumina Column，美国 FMS 公司）、活性炭净化柱（PCB Free Classical Disposable

Carbon Column，美国 FMS 公司）。

（4）仪器

高分辨气相色谱/高分辨质谱仪（HRGC-HRMS，DFS，美国 Thermo 公司）、冷冻干燥机（美国 LABCONCO 公司）、加速溶剂萃取仪（E-914，瑞士 Buchi 公司）、全自动样品净化系统（JF602，北京普立泰科仪器有限公司）、旋转蒸发仪（瑞士 Buchi 公司）、氮气浓缩仪（QYN100-1，武汉泰仕德科技有限公司）、低温高速离心机（Centrifuge 5810R，德国 Eppendorf 公司）。

2.3.2　实验方法

（1）样品的采集与运输

告知所有研究对象接受检查前禁食 8 h 以上，检查当天清晨空腹。研究对象取坐位，前臂水平伸直置于桌面枕垫上，由专业护理人员选择容易固定、明显可见的肘前静脉，用消毒碘酊消毒采血部位，用真空采血管收集 5 ml 左右的全血。采血管贴上标签纸，记录采血编码和时间。

在低温无剧烈振荡的条件下运送到实验室，静置 4 h 后，应用低温离心机 4℃以 3 300 r/min 离心 10 min，吸取血清分装至 Ep 管中，放置于−20℃低温冰箱待测。

（2）样品的选择与混合

由于血液样品中二噁英的含量极低，一般含量为 pg 级或 fg 级每克血脂，且血液样品采集难度较大，测定费用较昂贵，故本研究采用混样。根据预实验确定混样原则为：性别相同，年龄相差不超过 3 岁，均无肿瘤疾病史和家族史。铸造工人组和辅助工人组环境中 PCDD/Fs 含量较高，采取 3 个研究对象各取 2 ml 血清混合 1 个混样的方式，而清洁对照区则是每 5 个研究对象取 2 ml 血清等体积混合组成一个 10 ml 的混样（5×2 ml）。取血清样品放置室温自然融化，根据混样计划，每个样品取 2 ml 血清平铺在玻璃杯或平皿上。用锡箔纸封口后放入−20℃冰箱 10 h 以上，使之冷凝冻结。放入冷冻干燥机中，在温度−40℃，压力 0.02Mbar 的条件下进行冷冻干燥，直至完全冻干。冻干的样品放入干燥器中备用。

（3）样品提取

提取前将所有萃取池以正己烷：二氯甲烷（1:1，体积比）进行清洗，加速溶剂萃取仪需要进行密闭性测试，以正己烷：二氯甲烷（1:1，体积比）为溶剂，测试完成后，系统需要清洗冲刷一次。在萃取池中预先放入醋酸纤维素过滤膜。将上述处理好的血清混样碾磨后与硅藻土混匀装入萃取池中，用硅藻土洗刷碾钵两次，添加硅藻土至离萃取池口 1 cm 左右为宜。在萃取池中加入 10 µl $^{13}C_{12}$ 标记的 PCDD/Fs 定量内标的储备溶液，用醋酸纤维素材料的滤膜密闭萃取池，放于加速溶剂萃取仪上。萃取溶剂是由正己烷：二氯甲烷（1:1，体积比）混合而成。萃取条件为：温度 130℃；压力 100 bar；循环 2 次，第 1 次循环：加热时间为 5 min，静态时间为 5 min；第 2 次循环：加热时间为 2 min，静态时间为 10 min。萃取结束，系统冲刷一次，收集萃取液至润洗过的茄型瓶中，标记后旋转蒸发至 3~5 ml。

（4）样品净化

全自动样品净化系统自动净化分离

洗脱溶液的配制

试剂 1：正己烷；试剂 2：二氯甲烷：正己烷 1:4，体积比；试剂 3：二氯甲烷：正己烷 1:1，体积比；试剂 4：乙酸乙酯：甲苯 1:1，体积比；试剂 5：甲苯；试剂 6：二氯甲烷或者样品。

在样品净化前，全自动样品净化系统需要进行两次冲刷，第 1 次冲刷需要 40 ml 二氯甲烷和 185 ml 试剂 3 依次按预先设定程序冲洗系统；第 2 次冲刷的溶剂是 40 ml 二氯甲烷和 185 ml 试剂 1 按照预先设定的程序进行冲刷。

按照仪器使用说明要求，将硅胶柱、氧化铝柱和活性炭柱等净化柱连接在全自动样品净化系统上，将配好的洗脱溶液和样品萃取液连接好管路，按照已设定好的计算机洗脱程序进行净化（见图 1-1）。将经过表 2-8 所示的目标化合物收集至已润洗过的茄型瓶中。收集的洗脱液旋转蒸发至 1 ml 左右。

表 2-8　全自动样品净化系统洗脱程序表

步骤	洗脱液	体积/ml	流速/（ml/min）	目的	目标化合物
1	试剂 1	20	10	润湿硅胶柱	—
2	试剂 1	10	10	冲洗旁路	—
3	试剂 1	12	10	润湿氧化铝柱	—
4	试剂 1	20	10	润湿活性炭柱	—
5	试剂 1	100	10	活化硅胶柱	—
6	试剂 5	12	10	更换溶剂为甲苯	—
7	试剂 5	40	10	活化活性炭柱	—
8	试剂 4	12	10	更换溶剂为乙酸乙酯：甲苯（1:1）	—
9	试剂 4	10	10	活化活性炭柱	—
10	试剂 3	12	10	更换溶剂为二氯甲烷：正己烷（1:1）	—
11	试剂 3	20	10	活化活性炭柱	—
12	试剂 1	12	10	更换溶剂为正己烷	—
13	试剂 1	30	10	活化活性炭柱	—
14	试剂 6 样品	14	5	加入样品提取液	—
15	试剂 1	150	10	淋洗硅胶柱	—
16	试剂 2	12	12	更换溶剂为二氯甲烷：正己烷（1:4）	—
17	试剂 2	40	10	淋洗氧化铝柱	收集 PCB
18	试剂 3	12	10	更换溶剂为二氯甲烷：正己烷（1:1）	收集 PCB

步骤	洗脱液	体积/ml	流速/（ml/min）	目的	目标化合物
19	试剂 3	80	10	淋洗氧化铝柱	收集 PCB
20	试剂 6 二氯甲烷	12	10	更换溶剂为二氯甲烷	—
21	试剂 6 二氯甲烷	80	10	淋洗活性炭柱	收集 PCB
22	试剂 4	12	10	更换溶剂为乙酸乙酯：甲苯（1∶1）	收集 PCB
23	试剂 4	5	10	淋洗活性炭柱	—
24	试剂 1	12	10	更换溶剂为正己烷	—
25	试剂 1	10	10	淋洗活性炭柱	—
26	试剂 5	12	10	更换溶剂为甲苯	—
27	试剂 5	90	5	反向淋洗活性炭柱	收集 PCDD/Fs

（5）微量浓缩与溶剂交换

将茄型瓶中浓缩的洗脱液转移至色谱进样瓶中，并用正己烷洗茄型瓶 3 次，置于氮气浓缩器（45℃，调节氮气流引起液面轻微振动为止）下浓缩至 100 μl。然后转移至有 20 μl 壬烷的 200 μl 规格的锥形衬管中，并用正己烷洗脱 3 次。该锥形衬管放置在带聚四氟乙烯硅胶垫的棕色螺口瓶中，置于氮气浓缩器（45℃，调节氮气流引起液面轻微振动为止）下吹氮浓缩至 20 μl。将棕色螺口瓶密封后，标记编号，放置于−20℃暗环境中保存，在进样前加入规定量的 PCDD/Fs 回收率内标溶液。

（6）HRGC/HRMS 分析

1）进样口条件

PTV 进样口，进样口温度：80℃（保持 0.1 min）；以 2℃/min 升至 120℃（保持 0.6 min）；以 14.5℃/min 升至 310℃（保持 1 min）；以 14.5℃/min 升至 340℃（保持 25 min）。进样量，10 μl。

2）色谱条件

色谱柱：DB-5 ms 色谱柱（60 m×0.25 mm×0.25 μm）。色谱柱温度：120℃（保持 1 min）；以 43℃/min 升至 220℃（保持 15 min）；以 2.3℃/min 升至 250℃，以 0.9℃/min 升至 260℃，以 20℃/min 升至 310℃（保持 9 min）。载气流量：0.8 ml/min。传输线温度：300℃。

3）质谱条件

分辨率≥10 000，EI 电离源，电离能量：35eV，SIM，源温：250℃。

二噁英类化合物定量测定监测离子具体参见 GB/T 5009.205—2013。

（7）质控

仪器的清洗：为了控制实验室内 PCDD/Fs 的本底和避免实验样本出现交叉污染，对所有重复使用到的器皿和仪器均在短时间内清洗。首先倾倒里边内容物，用自来水冲洗后加入洗洁精放入超声波清洗机中清洗一遍，随后用清水清洗，再在纯净水中超声清洗。所有玻璃器皿和仪器在使用前均用二氯甲烷和正己烷润洗。

加标和空白：每组样品（7 个或 11 个样品）在前处理过程中均加入一个全过程空白样。同时所有样本均需添加提取内标和进样内标。PCDD/Fs 定量内标的回收率均在 45%～110%，符合 EPA-1613 中关于内标回收率的要求。

2.4　典型行业人群血中 PCDD/Fs 的测定结果水平与分析

2.4.1　血清中 PCDD/Fs 含量的校正

血清中的 PCDD/Fs 含量以 TEQ 表示，按 WHO 规定的 TEF（2005 年）计算。在计算 TEQ 时，未检出组分的含量按检出限的一半计。

参照 EPA1613 等标准和以往的研究结果，血清中 PCDD/Fs 含量经 TEQ 转换后，需要经血清脂肪含量校正。校正后的结果表示为 pg TEQ/g 脂肪。其中，血脂的转换公式如下公式 2-4 所示。

$$血清总脂肪（g/L）= 2.27×Tc+Tg+0.623 \qquad (2-4)$$

式中，Tc 为血清总胆固醇，mmol/L；Tg 为甘油三酯，mmol/L。

2.4.2　血清中 PCDD/Fs 的水平

由于血清中 PCDD/Fs 测定工作内容烦琐，工作量较大，所需血清量较多。故本研究在 3 个典型行业的研究对象中，依据工种代表性，参考采集血样的数量，进行研究对象个体外周血 PCDD/Fs 的内暴露测定，实际测定研究对象如下：铸造厂工人 84 人，铸造厂周边居民 50 人，垃圾焚烧厂 126 人，垃圾焚烧厂周边 76 人，氯化厂 45 人，氯化厂周边居民 55 人，清洁对照区居民 59 人，共计 495 人。根据预实验的结果由于清洁对照区居民血清 2 ml 单样测定结果均低于检出限，铸造厂和垃圾焚烧厂对象血清 2 ml 单样测定结果部分低于检出限。因此，本研究测定血清中 PCDD/Fs 含量时，部分样品采用了混样。混样的原则为性别相同、吸烟状况相同、居住地（对照）或者工种（典型行业工人）相同，年龄相差不超过 3 岁。对照和居民一般为 4～5 人混合一个样，典型行业工人 2～3 人混合为一个样品，最终混样数为 146 个。

研究对象的基本情况和血中 PCDD/Fs 含量见表 2-9。

表 2-9　不同分组血清中 PCDD/Fs 含量［中位数（5%～95%）］

变量		人数	血清中 PCDD/Fs/（pg TEQ/g 脂肪）
区域	铸造工人组	84	8.75（2.92～24.13）
	铸造厂周边居民组	50	6.72（3.97～11.40）
	垃圾焚烧工人组	126	13.12（1.80～39.81）
	氯化工人组	25	63.14（10.87～2903.57）

变量		人数	血清中 PCDD/Fs/ （pg TEQ/g 脂肪）
区域	氯化厂周边居民组	50	26.19（13.39～79.09）
	清洁对照组	59	4.44（2.16～12.04）
性别	男	308	7.26（2.12～74.45）
	女	85	6.56（1.55～24.13）
年龄	<38	202	7.78（1.98～79.09）
	≥38	192	6.29（2.16～23.58）
BMI	<24	228	6.56（2.12～33.52）
	≥24	166	8.40（2.16～79.09）

具体经血脂校正后的血清中 PCDD/Fs 的含量如表 2-8 所示。铸造工人组血清中 PCDD/Fs 的含量为 8.75（2.92～24.13）pg TEQ/g 脂肪，铸造厂周边居民血清中 PCDD/Fs 的含量为 6.72（3.97～11.40）pg TEQ/g 脂肪，垃圾焚烧厂工人血清中 PCDD/Fs 含量为 13.12（1.80～39.81）pg TEQ/g 脂肪，氯化工人血清中 PCDD/Fs 含量为 63.14（10.87～2 903.57）pg TEQ/g 脂肪，氯化工厂周边居民血清中 PCDD/Fs 含量为 26.19（13.39～79.09）pg TEQ/g 脂肪，清洁对照组居民血清中 PCDD/Fs 含量为 4.44（2.16～12.04）pg TEQ/g 脂肪。氯化工血清含量最高，垃圾焚烧工其次，铸造工人血清中含量较低，但均高于清洁对照组居民。根据性别分组，男性 308 人，其血清含量为 7.26（2.12～74.45）pg TEQ/g 脂肪，女性 85 人，其血清含量为 6.56（1.55～24.13）pg TEQ/g 脂肪。根据年龄分组，分为<38 岁组和≥38 岁组，<38 岁组血清含量为 7.78（1.98～79.09）pg TEQ/g 脂肪，≥38 岁组血清含量为 6.29（2.16～23.58）pg TEQ/g 脂肪。根据 BMI 进行分组，<24 组 228 人，血清含量为 6.56（2.12～33.52）pg TEQ/g 脂肪，≥24 组 166 人，血清含量为 8.40（2.16～79.09）pg TEQ/g 脂肪。不同行业中血清中 PCDD/Fs 含量的高低依次为：氯化工行业、垃圾焚烧行业和铸造行业。

2.5　研究结论与建议

结合常用的 PCDD/Fs 前处理方法进行优化对比，最终选择 ASE 提取-FMS 净化法作为血清中二噁英检测的前处理方法，优化测定方法后，选择钢铁铸造行业、氯化工行业和垃圾焚烧行业等三个典型行业的代表性研究对象。结果显示，典型行业工人外周血 PCDD/Fs 含量高于周边居民，后者又明显高于清洁区对照人群，说明工业来源的 PCDD/Fs 污染了环境，造成从业劳动者体内 PCDD/Fs 含量升高。从行业分布看，氯化行业工人外周血 PCDD/Fs 含量高于垃圾焚烧行业，后者又高于铸造行业工人外周血的 PCDD/Fs 含量。

参考文献

[1]　FOCANT J-F，EPPE G，MASSART A-C，et al. High-throughput biomonitoring of dioxins and polychlorinated biphenyls at the sub-picogram level in human serum [J]. Journal of Chromatography A，2006，1130（1）：97-107.

[2]　PATTERSON JR D G，HAMPTON L，LAPEZA JR C R，et al. High-resolution gas chromatographic/ high-resolution mass spectrometric analysis of human serum on a whole-weight and lipid basis for 2,3,7,8-tetrachlorodibenzo-p-dioxin [J]. Analytical chemistry，1987，59（15）：2000-2005.

[3]　KITAMURA K，TAKAZAWA Y，TAKEI Y，et al. Development of a method for dioxin analysis of small serum samples with reduced risk of volatilization [J]. Analytical chemistry，2005，77（6）：1727-1733.

[4]　PATTERSON D，F RST P，ALEXANDER L，et al. Analysis of human serum for PCDDs/PCDFs：a comparison of three extraction procedures [J]. Chemosphere，1989，19（1）：89-96.

[5]　CHANG R R，JARMAN W，KING C，et al. Bioaccumulation of PCDDs and PCDFs in food animals III：A rapid cleanup of biological materials using reverse phase adsorbent columns [J]. Chemosphere，1990，20（7）：881-886.

[6]　CHANG R R，JARMAN W M，HENNINGS J A. Sample cleanup by solid-phase extraction for the ultratrace determination of polychlorinated dibenzo-p-dioxins and dibenzofurans in biological samples [J]. Analytical chemistry，1993，65（18）：2420-2427.

[7]　SHIRKHAN H. An Improved SPE Extraction and Automated Sample Cleanup Method for Serum PCDDs，PCDFs，and Coplanar PCBs [J]. Organohalogen Compounds，1994，19（31）.

[8]　PATTERSON JR D G，WELCH S M，TURNER W E，et al. Cryogenic zone compression for the measurement of dioxins in human serum by isotope dilution at the attogram level using modulated gas chromatography coupled to high resolution magnetic sector mass spectrometry [J]. Journal of Chromatography A，2011，1218（21）：3274-3281.

[9]　SHEN H，DING G，HAN G，et al. Distribution of PCDD/Fs，PCBs，PBDEs and organochlorine residues in children's blood from Zhejiang，China [J]. Chemosphere，2010，80（2）：170-175.

[10]　P PKE O，BALL M，LIS Z，et al. PCDD/PCDF in whole blood samples of unexposed persons [J]. Chemosphere，1989，19（1）：941-948.

[11]　P PKE O，BALL M，LIS Z，et al. Determination of PCDD/PCDF in whole blood from persons involved in fire incidents [J]. Chemosphere，1990，20（7）：959-966.

[12]　IIDA T，TODAKA T. Measurement of dioxins in human blood：improvement of analytical method [J]. Industrial health，2003，41（3）：197-204.

[13]　HUWE J K，SHELVER W L，STANKER L，et al. On the isolation of polychlorinated dibenzo-dioxins and furans from serum samples using immunoaffinity chromatography prior to high-resolution gas chromatography–mass spectrometry [J]. Journal of Chromatography B：Biomedical Sciences and

Applications，2001，757（2）：285-293.

[14] TELLIARD W. In Method 1613：Tetra-through Octa-Chlorinated Dioxins and Furans by Isotope Dilution HRGC/HRMS [J]. US Environmental Protection Agency Office of Water，Washington，DC，1994.

[15] KAHN P C，GOCHFELD M，NYGREN M，et al. Dioxins and dibenzofurans in blood and adipose tissue of Agent Orange—exposed Vietnam veterans and matched controls [J]. JAMA，1988，259（11）：1661-1667.

[16] SCHECTER A，RYAN J，CONSTABLE J，et al. Partitioning of 2,3,7,8-chlorinated dibenzo-p-dioxins and dibenzofurans between adipose tissue and plasma lipid of 20 Massachusetts Vietnam veterans [J]. Chemosphere 1990，20（7）：951-958.

[17] SCHECTER A，P PKE O，PRANGE J，et al. Recent dioxin contamination from Agent Orange in residents of a southern Vietnam city [J]. Journal of Occupational and Environmental Medicine，2001，43（5）：435-443.

[18] RYAN J J，LIZOTTE R，LEWIS D. Human tissue levels of PCDDs and PCDFs from a fatal pentachlorophenol poisoning [J]. Chemosphere，1987，16（8）：1989-1996.

[19] SCHECTER A，RYAN J，KOSTYNIAK P J. Decrease over a six year period of dioxin and dibenzofuran tissue levels in a single patient following exposure [J]. Chemosphere，1990，20（7）：911-917.

[20] NAKAMURA T，NAKAI K，MATSUMURA T，et al. Determination of dioxins and polychlorinated biphenyls in breast milk，maternal blood and cord blood from residents of Tohoku，Japan [J]. Science of the Total Environment，2008，394（1）：39-51.

3 PCDD/Fs 生物检测方法研究

3.1 PCDD/Fs 生物检测方法的研究进展

二噁英类化合物的生物检测方法主要包含两大类：一类是基于 AhR 信号通路的检测方法，另一类是免疫类检测方法。免疫类检测方法特异性较强，耗时较短，成本相对较低，检测方便，但是灵敏度相对不足。基于 AhR 信号通路的方法如报告基因法，EROD 法等能够评价污染物的总体毒性，灵敏度较高，但是特异性逊于免疫方法。本章主要关注基于 AhR 信号通路的检测方法。

（1）基于受体和配体结合的方法

传统的受体和配体结合方法是含有二噁英类化合物的待测样品与一定量同位素标记的二噁英标记品（如 ^3H 标记的 TCDD）竞争一定量的 AhR，然后通过测定不与 AhR 结合的放射性 TCDD 的量来推算待测二噁英类化合物与 AhR 的亲和力[1]。但是放射性元素氚的使用限制了该检测方法在普通实验室中的应用。Wang 等构建了一种全新的配体—受体结合实验，这种方法是类似于荧光共振能量转移（Forster Resonance Energy Transfer，FRET）的一种技术，无须使用放射性元素，就可以高通量同时较方便地检测二噁英类污染物等配体与 AhR 受体之间的结合情况[2]。

（2）基于 AhR 受体核转运过程的检测方法

AhR 受体被二噁英激活后入核的过程也是污染物致毒的重要环节之一，Zhao 等根据此构建了一种基于绿色荧光蛋白标记的 AhR 的可视化的方法，可利用荧光显微镜实时观测整个入核过程。当细胞暴露于二噁英时，二噁英首先与 AhR 结合进而由细胞质转入细胞核，细胞核内的荧光强度会显著增强，这样根据不同时间荧光的亚细胞分布及强度变化可以推断出配体激活的进程，而当有 AhR 信号通路的抑制剂存在时，这种入核的过程被明显抑制[3]。虽然目前该方法仅限于对标准物质的实验室检测，并且以定性检测为主，但是为未来实现具有生物学意义活细胞可视化的检测奠定了基础。

（3）基于 AhR-ARNT（AhR 与 AhR 转运蛋白复合物）与 DRE（二噁英反应元件）结合的检测方法

当 AhR 与 ARNT 形成异源二聚体后需要识别及结合特定 DNA 序列，才能够诱导下游基因的转录表达，如果无法结合到 DNA 上，将不能够产生相应毒性效应，因而构建方法分析与 DNA 结合这一过程同样非常重要。传统方法使用带有 ^{32}P 同位素标记的 DNA 标签，通过凝胶阻滞实验实现检测，虽然灵敏度较高，但是具有放射性危害。为提高检测方法的安全性，发展具有相当灵敏度的凝胶阻滞的检测方法，研究者用带有荧光的或生物素标记的 DNA 标签代替 ^{32}P 同位素标记，同样可以实现检测，但是不及同位素法灵敏。

（4）基于基因转录表达的检测方法

基于基因转录表达的检测方法包括两类：一类是基于效应基因的检测方法，另一类是以重组细胞为检测工具的检测方法（如 CALUX）。

1）基于效应基因的检测方法

体内法主要检测 AhR 信号通路直接调控的 CYP1A1 基因或者其他特征基因或蛋白的表达情况，这些基因就是二噁英的生物标记。目前多采用荧光定量 PCR 检测其 mRNA 的表达水平[4]，或者用 EROD 法在蛋白水平检测 CYP1A1 基因表达产物 EROD 的酶活性。实验证明，二噁英类物质的致毒能力与诱导 EROD 酶的能力成正比。作为与毒性相关的经典二噁英生物检测方法，研究者们在不同种属的细胞系统中对 EROD 法进行优化，并使之应用在对实际环境样品的检测中。与定量 PCR 法相比，EROD 法具有结果精确，灵敏度较高而且检测周期短的优点[4]。但是 REOD 法也有一定的缺陷。研究表明，EROD 法存在底物竞争抑制的特点，也容易出现假阴性结果；另外，其检出限仍然不能满足环境介质中超痕量二噁英类物质的筛查，而 CALUX 在灵敏度方面具有较为明显的优势，同时存在优化空间。

2）CALUX

1993 年，Denison 等将萤火虫的荧光素酶作为报告基因结合到控制转录的 DRE 下游，制备成报告基因质粒并转染 H4IIE 大鼠肝细胞以获得稳定转染的细胞株，当待测样品与细胞株共同孵育后，其中的二噁英类化合物将进入细胞，激活细胞内源的 AhR 信号通路，从而激活报告基因上游 DRE 诱导荧光素酶的转录表达，而该报告基因的表达水平和二噁英的毒性系数相对应，最终可测得待测样品中二噁英类的含量，该方法被称为 CALUX[5]。在中国，中国科学院生态环境研究中心，国家环境分析测试中心等单位也将此方法试用在废气、飞灰、土壤底质等介质中的二噁英检测上，并与 HRGC-HRMS 相比较得到了较好的结果，初步验证了基于报告基因的二噁英生物分析方法的实用性[6]。

3.2　PCDD/Fs 的 EROD 法研究

EROD 法是发展较早且较成熟的 PCDD/Fs 检测方法之一，其检测值不仅仅反映的是样品中化合物的浓度，更能反映其综合毒性效应的强弱，而且该方法的前处理耗时短且成本较低，已得到较为广泛的应用。因此，本节在 HRGC/HRMS 化学检测的基础上，通过建立 EROD 法对食物样品、环境空气和积尘样品中的二噁英类化合物的浓度进行检测，以期得到关于食物样品中二噁英类化合物更加丰富的信息，并与 HRGC/HRMS 法所测结果进行比较，探讨两种方法之间的相关性，为检测二噁英类化合物探索更为合理有效的分析方法。

3.2.1 EROD 检测试剂与方法

（1）仪器和试剂

正己烷、二氯甲烷和丙酮等试剂为 HPLC 级，购于美国 J.T. Baker 或 Fisher 公司。浓硫酸（河南信阳）、无水硫酸钠（国药，分析纯）、超纯水（经 MILLIQ 水纯化系统纯化，电阻率为 18.0 MΩ·cm）。DMSO 为 Sigma 公司产品；柱填料硅胶（100～200 目，ICN Biomedicals，Inc.）、弗罗里土（80 目）为德国产品。

2,3,7,8-TCDD 标准样品购于 Cambridge Isotope Laboratories，DMSO、7-羟基-3-异吩噁唑酮、7-乙氧基-3-异吩噁唑酮和香豆素为 Sigma 公司产品，MEM（美国 HyClone 公司）液体培养基，胎牛血清（美国赛默飞世尔公司）。大白鼠肝癌细胞株 H4IIE 购于武汉大学冷冻保藏中心，96 孔培养板（美国康宁公司），多功能酶标仪美国伯腾仪器有限公司）和细胞培养箱（美国赛默飞世尔公司）。

用 DMSO 将 2,3,7,8-TCDD 标准样品稀释成 0 ng/ml、0.2 ng/ml、0.3 ng/ml、0.4 ng/ml、0.8 ng/ml、1.6 ng/ml、3.2 ng/ml、4 ng/ml 等一系列浓度，香豆素（用 0.1 nmol/L 的 NaOH 溶液配制）和 ERF（用甲醇定容）均配制成浓度为 1 mmol/L，配制后的溶液均于−20℃避光密封保存。

（2）前处理方法

1）空气或积尘

样品前处理以徐盈等[11]的方法为基础，具体做法如下：称取 1 g 积尘或一份滤膜样品放于索氏抽提装置中，加入正己烷和丙酮的混合液（4∶1）125 ml 抽提 24 h（瓶中加入少量铜丝用以脱硫），将抽提后的样品瓶旋转蒸发浓缩至 10 ml 左右。再将此浓缩液逐步转移至用正己烷浸泡的填充柱中进一步净化，柱子从下到上依次为脱脂棉、少量无水硫酸钠、弗罗里土 5 g、硅胶 4 g、酸化硅胶（44% H_2SO_4，质量比）10 g、硅胶 2 g、少量无水硫酸钠，装填净化柱时应严防气泡产生，样品上柱后用 150 ml 的 1∶1（正己烷∶二氯甲烷，体积比）混合液淋洗。再将全部洗脱液旋转蒸发浓缩至 1 ml 左右后转移至色谱小瓶中，在缓慢的氮气流下吹干，检测前用 100 μl DMSO 定容待测。

2）食物

样品前处理以黎雯等[7]的方法为基础，具体做法为：称取与化学法相同重量的食物样品放于索氏提取装置中，加入二氯甲烷∶正己烷∶丙酮=5∶5∶1 的混合液共 110 ml 抽提 18～24 h，将提取后的样品转移至旋转瓶中。旋转瓶中的样品浓缩至 5 ml 左右，转移至用正己烷浸泡的填充柱中进一步净化，柱子内的填充物从下至上依次为脱脂棉、少量无水硫酸钠、弗罗里土 5 g、硅胶 4 g、酸化硅胶 10 g（44% H_2SO_4）、硅胶 2 g 和少量无水硫酸钠，装填净化柱时应防止气泡产生，样品上柱后用 150 ml 的混合液（正己烷∶二氯甲烷=1∶1，体积比）淋洗。将洗脱液旋转蒸发浓缩至 1 ml 左右后转移至色谱瓶中，在缓慢的氮气流下吹干，检测前用 100ul DMSO 定容待测。

（3）H4IIE 细胞的培养

培养基含有 10%的胎牛血清，在无菌条件下，于相对湿度为 95%、浓度为 5%的 CO、37℃条件的恒温培养箱中培养。

（4）EROD 法生物测试原理

EROD 酶活性的测定是用荧光光度法测定确定的反应时间内，利用底物 ERF 在酶的作用下的终产物 RF 的量来计算酶的比活度，原理如下列反应式所示：

7-乙氧基-3-异吩噁唑酮（ERF）　　　　　　　　7-羟基-异吩噁唑酮（RF）

利用 96 孔板对细胞 EROD 酶活力的生物检测方法已有报道[13]，具体做法如下：H4IIE 细胞以每孔 2×10^4 个细胞的密度加入 100 μl 的细胞悬液到 96 孔板中，待细胞融合率达到 80%以上后，移出培养基，加入 100 μl 含有不同浓度暴露化合物（每个浓度为 3 个平行样）的新鲜培养基暴露 72 h。以 DMSO 为溶剂对照，且 DMSO 在各组培养基中的终浓度为 0.5%。暴露结束后再移出培养基，加入含有 8 μmol/L ERF 和 10 μmol/L 香豆素的培养基 100 μl，在 37℃下培养 60 min。将培养基转移至另一个新的 96 孔板，每孔加入 100 μl 无水乙醇终止反应，此过程应避光。最后在酶标仪下测定 96 孔板中各孔 RF 的荧光强度（激发波长为 530 nm，发射波长为 590 nm）。

（5）毒性当量 TEQ 值的计算

样品中二噁英类化合物的毒性效应以与计算出来的 2,3,7,8-TCDD 毒性等价的毒性当量 TEQ 作为评价的结果。

3.2.2　PCDD/Fs 的 EROD 生物检测方法结果

（1）生物学测定方法的标准曲线

RF 分析标准曲线见图 3-1，其线性回归系数为 0.9982，可见其在浓度范围内具有较好的线性关系。2,3,7,8-TCDD 诱导细胞 EROD 酶活力的剂量—效应关系的标准曲线见图 3-2。

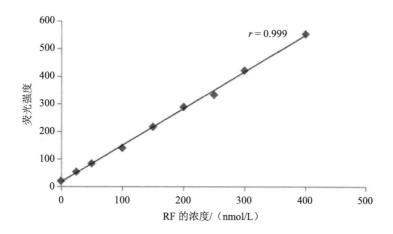

图 3-1　RF 分析标准曲线

（2）钢铁铸造厂不同工种环境空气中 PCDD/Fs 的 EROD 生物检测

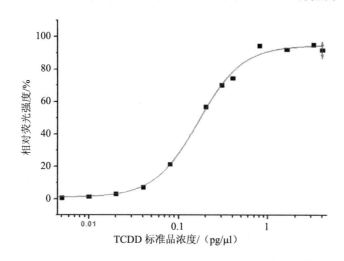

图 3-2　2,3,7,8-TCDD 标准品的剂量效应关系曲线

采用 EROD 法检测测定 7 个样本的结果见表 3-1。熔化炉附近空气中二噁英类化合物浓度是浇注工种附近空气中二噁英类化合物浓度的 1.78 倍。

表 3-1　铸造厂生产场所样品中 PCDD/Fs 浓度（EROD 生物检测法）

采样地点	样本形式	样本数	检测浓度（TEQ）
熔化	空气	2	（3.89±0.31） pg/m³
浇注	空气	2	（2.19±1.04） pg/m³
熔化	积尘	2	（28.79±1.32） pg/g

采样地点	样本形式	样本数	检测浓度（TEQ）
浇注	积尘	2	（13.58±0.20）pg/g
造型	积尘	2	（10.06±1.44）pg/g
清理	积尘	2	（9.46±1.72）pg/g
制芯	积尘	2	<4.52 pg/g

（3）研究区域食物样本中 PCDD/Fs 的毒性当量

用 EROD 法测得研究区域食物样本中 PCDD/Fs 的毒性当量见表 3-2 所示。钢铁铸造厂所在地区菜市场食物样本中 PCDD/Fs 的毒性当量的范围为 0.08～14.79 pg TEQ/g 脂肪（平均 5.23 pg TEQ/g 脂肪）；当地超市食物样本中 PCDD/Fs 的毒性当量的范围为 0.10～11.52 pg TEQ/g 脂肪（平均 4.26 pg TEQ/g 脂肪）；氯化工厂所在地区菜市场食物样本中 PCDD/Fs 的毒性当量的范围为 0.23～60.45 pg TEQ/g 脂肪（平均 16.40 pg TEQ/g 脂肪）；当地超市食物样本中 PCDD/Fs 的毒性当量的范围为 0.07～74.30 pg TEQ/g 脂肪（平均 12.21 pg TEQ/g 脂肪）；清洁区食物样本中 PCDD/Fs 的毒性当量的范围为 0.02～1.92 pg TEQ/g 脂肪（平均 0.73 pg TEQ/g 脂肪）。

表 3-2 EROD 法测定食物样品中二噁英类化合物浓度

		猪肉/(pg TEQ/g 脂肪)	牛肉/(pg TEQ/g 脂肪)	羊肉/(pg TEQ/g 脂肪)	鸡肉/(pg TEQ/g 脂肪)	鱼/(pg TEQ/g 脂肪)	海产/(pg TEQ/g 脂肪)品	鸡蛋/(pg TEQ/g 脂肪)	牛奶/(pg TEQ/g 脂肪)	蔬菜/(pg TEQ/g 脂肪)*
钢铁铸造	菜场	0.22	—	—	5.80	14.79	—	—	—	0.08
厂所在市	超市	0.45	11.52	—	3.12	9.92	—	1.73	3.00	0.10
氯化工厂	菜场	0.82	—	5.21	6.51	36.38	60.45	5.18	—	0.23
所在市	超市	1.49	2.11	—	6.22	4.43	74.30	3.43	5.63	0.07
清洁区		—	0.98	—	1.92	0.72	—	0.02	—	0.02

注：*指蔬菜按湿重计算。

（4）研究区域内每种食物样本 PCDD/Fs 毒性当量的比较

研究区域内每种食物样本 PCDD/Fs 毒性当量的比较见图 3-3～图 3-7。在钢铁铸造厂所在地区菜市场食物样本的 TEQ 值中，鱼中 PCDD/Fs 的含量最高（14.79 pg TEQ/g 脂肪），高于其他牲畜和家禽类，是含量最低的蔬菜中 PCDD/Fs 的含量的 184.8 倍；在超市食物样本的 TEQ 值中，牛肉中 PCDD/Fs 的含量最高（11.52 pg TEQ/g 脂肪），高于其他肉类，是含量最低的蔬菜中 PCDD/Fs 的含量的 115.2 倍；在氯化工厂所在地区菜市场食物样本的 TEQ 值中，海产品中 PCDD/Fs 的含量最高（60.45 pg TEQ/g 脂肪），是含量最低的蔬菜中 PCDD/Fs 的含量的 262.8 倍；在超市食物样本的 TEQ 值中，同样海产品中 PCDD/Fs 的含量最高（74.30 pg TEQ/g 脂肪），是含量最低的蔬菜中 PCDD/Fs 的含量的 1 061.4 倍；在清洁区食物样本的 TEQ 值中，鸡肉中 PCDD/Fs 的含量最高（1.92 pg TEQ/g 脂肪），是含量最低的蔬菜中 PCDD/Fs 的含量的 96 倍。

　　不同类型食物 PCDD/Fs 比较可见，肉类中 PCDD/Fs 含量较高，其中鱼和海产品中 PCDD/Fs 的含量普遍高于牲畜类，牛奶和鸡蛋中 PCDD/Fs 含量稍低于某些肉类，但也处于较高水平，蔬菜中 PCDD/Fs 含量最低。这与 PCDD/Fs 为脂溶性，更易蓄积于含脂肪量较高的肉类、牛奶等有关。

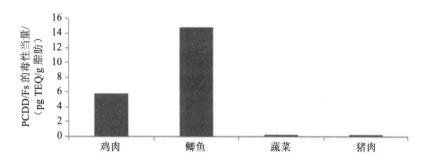

图 3-3　钢铁铸造厂所在地区菜市场食物样本 PCDD/Fs 毒性当量的比较（EROD 法）

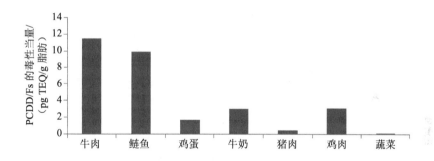

图 3-4　钢铁铸造厂所在地区超市食物样本 PCDD/Fs 毒性当量的比较（EROD 法）

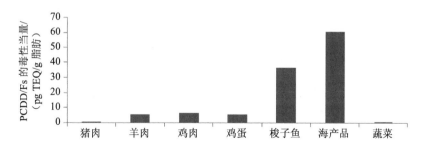

图 3-5　氯化工厂所在地区菜市场食物样本 PCDD/Fs 毒性当量的比较（EROD 法）

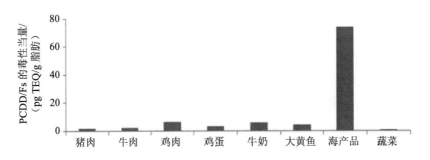

图 3-6 氯化工厂所在地区超市食物样本 PCDD/Fs 毒性当量的比较（EROD 法）

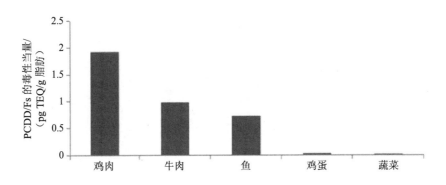

图 3-7 清洁区食物样本 PCDD/Fs 毒性当量的比较（EROD 法）

（5）研究区域间每种食物样本 PCDD/Fs 毒性当量的比较

研究区域间每种食物样本 PCDD/Fs 毒性当量的比较见图 3-8。从图中可以看出，钢铁铸造厂所在地区、氯化工厂所在地区菜市场和超市的大部分食物样本中 PCDD/Fs 的 TEQ 值均比清洁区高，仅猪肉与清洁区持平或略低，与化学法的比较结果一致。

钢铁铸造厂所在地区、氯化工厂所在地区超市牛肉中 PCDD/Fs 毒性当量分别是清洁区的 11.7 倍、2.1 倍；钢铁铸造厂所在地区菜市场、超市及氯化工厂所在地区菜市场、超市鸡肉中 PCDD/Fs 毒性当量分别是清洁区的 3.0 倍、1.6 倍、3.4 倍、3.2 倍；钢铁铸造厂所在地区菜市场、超市及氯化工厂所在地区菜市场、超市鱼中 PCDD/Fs 毒性当量分别是清洁区的 20.5 倍、13.7 倍、50.5 倍、6.1 倍；钢铁铸造厂所在地区茅箭区超市及氯化工厂所在地区菜市场、超市鸡蛋中 PCDD/Fs 毒性当量分别是清洁区的 86.5 倍、259 倍、171.5 倍；钢铁铸造厂所在地区茅箭区菜市场、超市及氯化工厂所在地区菜市场、超市蔬菜中 PCDD/Fs 毒性当量分别是清洁区的 4 倍、5 倍、11.5 倍、3.5 倍。

研究区域间每种食物样本 PCDD/Fs 毒性当量的比较结果可以看出，钢铁铸造厂所在地茅箭区和氯化工厂所在地区各食物样本中 PCDD/Fs 的 TEQ 值均比对照地区高。工厂产生的二噁英类物质可能污染周边的环境，从而导致研究地区食物样本中 PCDD/Fs 的含量偏高。

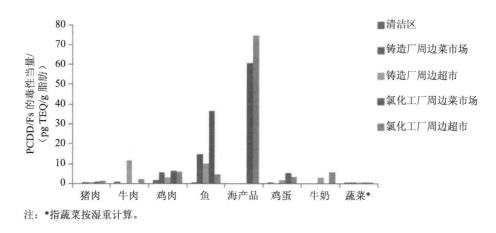

注：*指蔬菜按湿重计算。

图 3-8 研究区域间每种食物样本 PCDD/Fs 毒性当量的比较（EROD 法）

（6）讨论

EROD 法可用于食物样品中二噁英类化合物浓度的检测，其优势主要体现在可以批量快速检测，适用于筛检，对未知的污染源可以用该方法进行试验性研究。

EROD 法能够测定所有可能的 AhR 激动剂产生的综合毒效应之和，被认为是一种检测环境样品中 AhR 激动剂累积效应的工具。因此，用 EROD 法测得的二噁英类化合物的浓度值不单单反映了 PCDD/Fs 的水平，还包括了其他已知和未知的类似于二噁英类化合物生物活性的化学物质。本研究通过采用多层净化柱，较有效地净化了存在于食物样品提取液中其他类型的干扰物。样品提取液的有效分离和纯化是利用 EROD 生物学法对环境样品中二噁英类化合物进行定量检测的关键环节，因此对于含有各种复杂基质干扰的食物样品，纯化方法是至关重要的。此外，利用细胞作为生物检测的工具，保证细胞的活力是保证结果可靠的前提，因此当细胞在 96 孔培养板中的融合率达到 80%左右时是染毒的最佳状态，染毒后到检测前之间的三天时间也是为了尽可能降低如多环芳烃等与细胞 AhR 有较弱结合能力物质的干扰。

从检测结果来看，食物样品中鱼及海产品的二噁英含量最高，其中氯化工厂所在地区超市中海产品的二噁英浓度是对照组鱼的 10^3 倍，说明氯化工厂所在地区的海产品已受到二噁英的严重污染，居民长期食用这种食物，可能对人体的健康有一定的损害作用。

国内外也有研究对食物中 PCDD/Fs 含量进行了 EROD 法的分析。黎雯等[9]的研究报道，用 EROD 法测得鱼肝中 PCDD/Fs 含量为 18.4～336 pg TEQ/g 脂肪，W. Li 等[10]的研究报道，用 EROD 法测得鱼肝中 PCDD/Fs 含量为 10～300 pg TEQ/g 脂肪。与国内外研究相比，本书所选研究地区食物样品的二噁英污染水平为中等，尚未达到严重污染程度，但说明这些研究地区的食物已经受到一定程度的二噁英污染。

3.2.3 PCDD/Fs 的 EROD 生物检测法与 HRGC/HRMS 法的比较

（1）空气样本中 EROD 生物检测与 HRGC/HRMS 比较

在同一位点采集的同种类型的样品，其用 EROD 法检测值比用 HRGC-HRMS 的检测值要高 2～4 倍（表 3-3），且在浇注作业点的样品用 EROD 法检测比用化学法检测的结果相差倍数较熔化作业点两种方法的检测值相差的要大；尽管两种方法检测同一属性样品时结果的绝对值有一定差距，但 EROD 法与 HRGC/HRMS 检测不同样品所得的结果之间表现出较好的相关性（$R^2=0.94$，$P<0.01$）（图 3-9）。

表 3-3 EROD 法与 HRGC/HRMS 法检测某铸造厂环境空气和积尘中 PCDD/Fs 结果比较

样品		TEQ 值		EROD/HRGC-HRMS
		EROD 法	HRGC-HRMS 法	
空气/（pg/m³）	熔化	3.89	1.85	2.10
	浇注	2.19	0.74	2.96
积尘/（pg/g）	熔化	28.79	14.51	1.98
	浇注	13.58	3.63	3.74

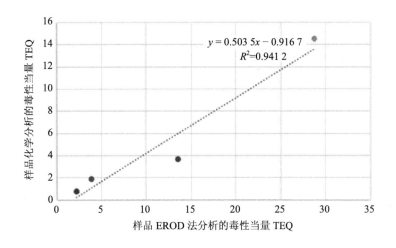

图 3-9 EROD 法测定结果与 HRGC-HRMS 分析结果的相关曲线

（2）食物样本中 EROD 生物检测与 HRGC/HRMS 比较

从表 3-4 可以看出，在同一地区采集的同种食物样品，用 EROD 法检测值比用 HRGC/HRMS 的检测值普遍要高，前者是后者的 0.3～62.4 倍，尽管两种方法检测同一食物样品时结果有较大的差异，但 EROD 法与 HRGC/HRMS 检测不同样品所得的结果之间具有较好的正性相关（$r=0.80$，$P<0.001$）（图 3-10）。将上述结果分为生物法与化学法结

果比值小于 10 倍和大于 10 倍两部分后,小于 10 倍的结果显示,EROD 法与 HRGC/HRMS 检测不同样品所得的结果之间的相关性明显增强,达到($r = 0.97$, $P < 0.001$);而大于 10 倍的结果显示两者之间的相关性也得到一定程度的提高,($r = 0.90$, $P < 0.001$)。生物法与化学法结果比值小于 10 倍时,EROD 法与 HRGC/HRMS 检测不同样品所得的结果之间的相关性较好;大于 10 倍时,可能样品中含有其他干扰二噁英生物测定的具有与二噁英类似生物效应的物质,导致生物测定法的结果与化学法相比,结果很不稳定,从而降低 EROD 法与 HRGC/HRMS 检测不同样品所得的结果之间的相关性。

表 3-4　EROD 法与 HRGC/HRMS 法检测结果比较

场所	检测方法	检测对象								
		猪肉/ (pg TEQ/g 脂肪)	牛肉/ (pg TEQ/g 脂肪)	羊肉/ (pg TEQ/g 脂肪)	鸡肉/ (pg TEQ/g 脂肪)	鱼/ (pg TEQ/g 脂肪)	海产品/ (pg TEQ/g 脂肪)	鸡蛋/ (pg TEQ/g 脂肪)	牛奶/ (pg TEQ/g 脂肪)	蔬菜*/ (pg TEQ/g 脂肪)
钢铁铸造厂所 在地区菜市场	EROD	0.22	—	—	5.80	14.79	—	—	—	0.08
	HRGC	0.03	—	—	0.36	0.65	—	—	—	0.002 8
钢铁铸造厂所 在地区超市	EROD	0.45	11.52	—	3.12	9.92	—	1.73	3.00	0.10
	HRGC	0.025	0.84	—	0.10	1.68	—	0.16	0.32	0.003 0
氯化工厂所在 地区菜市场	EROD	0.82	—	5.21	6.51	36.38	60.45	5.18	—	0.23
	HRGC	0.05	—	0.31	0.16	0.97	0.97	0.10	—	0.008 1
氯化工厂所在 地区超市	EROD	1.49	2.11	—	6.22	4.43	74.30	3.43	5.63	0.07
	HRGC	0.05	0.45	—	0.21	0.20	3.36	0.14	1.26	0.002 3
对照	EROD	—	0.98	—	1.92	0.72	—	0.02	—	0.02
	HRGC	0.03	0.28	—	0.07	0.12	—	0.08	0.20	0.002 6

注:*指蔬菜按湿重计算。

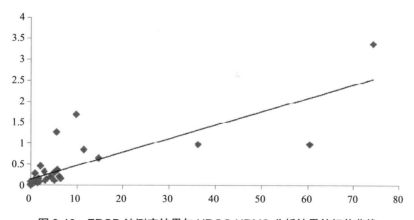

图 3-10　EROD 法测定结果与 HRGC-HRMS 分析结果的相关曲线

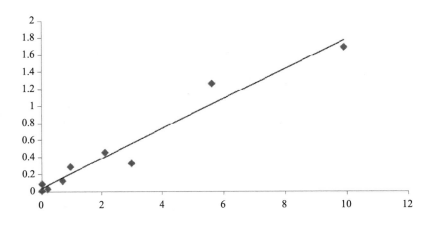

图 3-11　EROD 法测定结果与 HRGC-HRMS 分析结果的相关曲线

（EROD 法与化学法比值小于 10 倍）

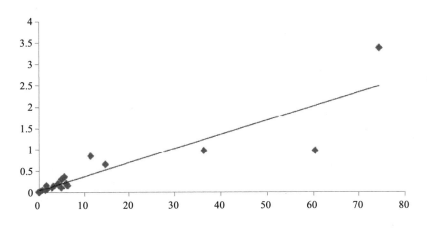

图 3-12　EROD 法测定结果与 HRGC-HRMS 分析结果的相关曲线

（EROD 法与化学法比值大于 10 倍）

（3）讨论

本研究结果表明：用 EROD 法和 HRGC-HRMS 两种方法在检测二噁英类化合物时呈现出较好的一致性，EROD 法检测结果较 HRGC-HRMS 法检测结果高 3～50 倍，这种倍数的差异与样品中所包含的其他干扰物的不同有关。

二噁英类化合物属于 PHAHs 化合物。PHAHs 化合物的共性就是可以结合细胞受体蛋白，随后诱导一些基因产物的合成，包括细胞色素 P4501A1（CYP1A1）。目前普遍认可的是二噁英类化合物是通过结合 AhR 来进一步发挥作用的。AhR 是一种细胞内配体激活的转录因子，是一类关键性的调节蛋白，涉及大量基因表达的调控[14]。除了二噁英外，多环芳烃、多氯联苯、卤代偶氮、联苯醚、萘、烷基化或溴化的二噁英等都可以通过作用于

AhR 受体而诱导 CYP1A1，尽管致毒的效能差别较大，但是都可以诱导出相似的毒性效应，即表现出相类似的二噁英的毒性。

　　用生物学方法检测二噁英类化合物并不要求事先对 PAHAs 做大量的净化处理，但是对于干扰生物测定的一些化合物（如细胞毒性因子）是必须要去除的，因此生物学方法只需要过单根混合净化柱即可，前处理简单、所需时间短、成本低，利用 96 孔板检测也大大提高了检测的效率，同时生物学检测方法的结果也反映出了毒物的综合毒性效应，但由于前处理相对简单，所以未能最大限度地去除掉其他干扰物质，在一定程度上降低了结果的准确性。相比生物学方法，化学分析法对样品的净化程度要求很高，因此，前处理需要依次经过三根不同的净化柱净化，杂质去除的更为彻底，检测结果精确，但是费时、费力、成本高，所耗费的有机溶剂多、危害大。此外，很多环境样品都是多种化学物质的混合物，除了作用相似的化合物外，还可能存在一些阻碍这些化合物发挥作用的拮抗剂。因此生物学方法的结果一方面可以反映出样品中相似化合物的综合毒效应强度；另一方面，由于较简化的前处理，样品中的干扰物质去除的并不彻底，因此使得用生物学方法在检测二噁英时的值一致地要高于化学分析法，这也使得用生物学方法检测基本上不可能出现假阴性的结果。

　　通过本节的研究结果可以看出，生物学方法（EROD）和化学法（HRGC/HRMS）检测食物样品中二噁英类化合物浓度的结果之间有较好的相关性，两种方法所得结果的对比关系受到（如样品中）各种干扰物等多因素的影响。食物样品中存在的干扰物繁杂，因此样品前处理还需要进一步的改进及优化。

参考文献

[1]　Behnisch，P.A，Hosoe，and S.Sakai，Bioanalytical Screen Methods for Dioxins and Dioxin-like Compounds-a Review of Bioassay/Biomarker Technology.Environment International，2001.27（5）：413-439.

[2]　Wang，Y.，D.Yang，A.Chan，W.K.Chang，B.zhao，M.S.Denison，and L.Xue，Synthesis of a Ligand-Quencher Conjugate for the Ligand Binding Study of the Aryl Hydrocarbon Receptor Using a Fret Assay.Medicinal Chemistry Research，2012.21（6）：711-721.

[3]　Zhao B.，D.E.DeGroot，A.Hayashi，G.He，andM.S.Dension，Ch223191 ls a Ligand-Selective Antagonist of the Ah（Dioxin） Recepter.Toxicological Sciences，2010.117（2）：393-403.

[4]　Denison，M.S.，B.Zhao，D.S.Baston，G.C.Clark，H.Murata，and D.Han，Recombinant Cell Bioassay Systems for the Detection and Relative Quantitation of Halogenated Dioxins and Related Chemicals.Talanta，2004.63（5）：1123-1133.

[5]　Elfouly，M.H.，C.Richter，J.P.Giesy，and M.S.Dension，Production of a Novel Recombinant Cell-Line for Use as a Bioassay System for Detection of 2,3,7,8-Tetrachlorodibenzo-P-Dioxin-Like Chemcals.

Environmental Toxicology and Chemsitry，1994.13（10）：1581-1588.

[6]   Wang，B.，G.Yu，and et al.Probabilistic Ecological Risk Asessment of Ocps，Pcbs，and Dlcs in the Haihe River，China. The scientific world journal，2010.10：1307-1317.

[7]   徐盈，吴文忠，张甬元. 利用 EROD 生物测试法快速筛选二噁英类化合物 [J]. 中国环境科学，1996，16（4）：279-283.

[8]   黎雯，徐盈，吴文忠. 鱼肝 EROD 酶活力诱导作为二噁英的水生态毒理学指标 [J]. 水生生物学报，2000，24（3）：201-207.

[9]   LI W W W，XU Y Measuring tcdd equivalents in evironmental samples with the micro-erod essay：Comparison with HRGC/HRMS data. [J]. Bulletin of environmental contamination and toxicity 2002，68（1）：111-117.

[10]   裴新辉. 二噁英受体转录调控分子机制的研究及应用 [J]. 2012.

4 典型行业地区、周边居民区和对照地区环境空气中 PCDD/Fs 水平与人体吸入量的对比分析

4.1 典型行业车间、周边居民区和清洁对照区环境空气采样安排

项目组于 2013—2014 年分三批对铸造行业、氯化工行业、垃圾焚烧行业和清洁对照地区（湖北神龙架）进行了环境空气样品采集，然后进行样品中 PCDD/Fs 的测定。

环境空气采样使用改装的 $PM_{2.5}$ 大流量空气采样器（≥238 L/min），可装滤膜和 2 块聚氨酯泡沫塑料（PUF）。滤膜为石英纤维滤膜（直径 10.16 cm）。处理方法[1]：用铝箔将滤膜包好，并留有开口，放入马弗炉中 400℃下加热 6 h，并注意滤膜不能有折痕。将处理好的滤膜用铝箔包好后置于干燥器中密封保存。从每批处理好的滤膜中抽样进行 PCDD/Fs 类化合物的空白实验。吸附材料：聚氨基甲酸乙酯泡沫塑料（PUF）（直径 6.3 cm，长 7.6 cm）。PUF 的处理方法：首先用煮沸的水烫洗 PUF，再将其放入温水中反复搓洗干净，控干 PUF 中的水分后，用丙酮在超声波池中清洗 3 次，每次 30 min。再用丙酮索氏提取 16 h 以上。清洗后的 PUF 在真空干燥器中 50℃ 以下加热 8 h，而后保存在密封的 PUF 充填管中。对处理好的吸附材料进行 PCDD/Fs 空白实验。

现场采样[1]：根据调查对象居住环境选择有代表性的采样点，采样器放置在呼吸带高度，以 238 L/min 以上流量采集 24～48 h 空气样品，采样结束后尽量在阴暗处拆卸采样装置，避免外界的污染。将 PUF 充填管密封，装入密实袋中。滤膜采样面向里对折，用铝箔包好后装入密实袋中密封保存。样品尽量冷冻保存，运输到实验室分析。

环境空气的监测方案见表 4-1。

表 4-1　典型行业车间、周边居民区和清洁对照地区环境空气中 PCDD/Fs 监测方案

研究行业	车间布点数量/个	周边布点数量/个	实际测定企业	样品数量
钢铁冶炼铸造行业	3	4	某铸造厂	每个点采集 4 天，2 个样品
氯化工行业	3	3	某氯化工厂	每个点采集 4 天，2 个样品
垃圾焚烧行业	6	2	某垃圾焚烧厂 A	每个点采集 4 天，2 个样品
垃圾焚烧行业	5	2	某垃圾焚烧厂 B	每个点采集 4 天，2 个样品
对照区		3	神龙架地区	每个点采集 2 天，1 个样品
合计	17	14		

4.2   环境空气中 PCDD/Fs 的测定方法和主要步骤

环境空气中 PCDD/Fs 的测定方法采用高分辨气质联用法[2]，前处理和测定过程主要步骤如下：

4.2.1   PCDD/Fs 的提取

抽提系统经二氯甲烷预抽提 4 h 后，将滤膜及 PUF 放入索式抽提器中，以正己烷与二氯甲烷体积比为 1：1 的混合溶剂抽提 24 h。抽提完毕后的提取液经旋转蒸发浓缩至 1～2 ml 并做备份处理。提取前加入 ^{13}C 标记的提取内标。

4.2.2   样品的净化

先用甲醇、丙酮、二氯甲烷、甲苯和正己烷依次淋洗净化柱，风干后装柱。净化柱填料的装填顺序见图 4-1（专利方法）[2]。采用干法装柱，填好柱后用 80 ml 正己烷预冲洗并浸润硅胶柱。

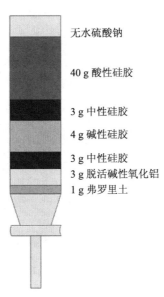

无水硫酸钠

40 g 酸性硅胶

3 g 中性硅胶

4 g 碱性硅胶

3 g 中性硅胶

3 g 脱活碱性氧化铝

1 g 弗罗里土

图 4-1   净化柱装填顺序

当正己烷流至与无水硫酸钠上平面相平齐时，关闭活塞，并用正己烷或二氯甲烷淋洗该活塞。之后，加入萃取浓缩液，用 1 ml 正己烷充分洗涤萃取液烧瓶 3 次，并将每次的洗涤液也加到该柱中。当混合溶液流至与无水硫酸钠平面相齐时先用 120 ml 正己烷淋洗层析柱，再用 30 ml 95：5 正己烷/二氯甲烷淋洗得含 PCBs 及其他组分的样品溶液（该部分流出液暂时保留，经仪器检测二噁英类回收率正常时，才将其丢弃），再用 100 ml 二氯甲烷淋洗得到含 PCDD/Fs 的样品溶液，用 150 ml 烧瓶接收。旋蒸浓缩至约 1 ml 后氮吹浓缩体积至 10 μl 左右。

4.2.3　仪器分析条件

在仪器分析前加入一定量的同位素进样内标。

高分辨气相色谱条件设定：

硅熔毛细管柱：DB-5MS，60 m×0.25 mm×0.25 μm；进样口温度：280℃；不分流进样，进样量为 1 μl；升温程序：140℃保持 2 min，以 8.00℃/min 的速率上升至 220℃，再以 1.40℃/min 的速率升高到 310℃，保持 5 min。

高分辨质谱条件设定：

电离方式：电轰击电离（EI）；选择离子检测；离子源温度为：300℃；加速电压：7 900 V；电子能量：35eV；（5）以全氟煤油（PFK）m/z 为 292.982 41 调谐仪器分辨率高于 10 000。

4.3　典型行业车间、周边居民区和清洁对照区环境空气 PCDD/Fs 测定结果

对湖北神农架林区、某铸造厂、某氯化工厂和某两个焚烧厂车间及周边生活区大气环境 PM$_{2.5}$ 颗粒中的 PCDD/Fs 进行了监测，具体结果见表 4-2、图 4-2 和图 4-3。

表 4-2　典型行业地区空气中二噁英监测结果（PM$_{2.5}$）

采样地点	编号	样品名称	采样量/m³	PCDF/Ds/（pg/m³）	I-TEQ/（pg/m³）
湖北神农架	SN1	松柏村二组	442	0.01	0.001
	SN2	神农架宾馆	734	0.52	0.099
	SN3	神农架林区学校	767	0.04	0.002
	均值		648	0.19	0.034
钢铁铸造厂所在市普通居民区	DF1	样品 1	1275	0.88	0.054
	DF2	样品 2	637	0.49	0.015
	DF3	样品 3	857	1.57	0.158
	DF4	样品 4	693	0.32	0.027
	均值		865	0.81	0.063
钢铁铸造厂车间内	DF5	钢浇铸区	598	0.84	0.102
	DF6	钢落砂区	439	7.50	0.265
	DF7	钢镉化区	597	4.22	0.480
	均值		545	4.18	0.282
氯化工厂所在市居民区	TJ1	样品 1	834	11.1	0.218
	TJ2	样品 2	842	13.2	0.166
	TJ3	样品 3	843	11.5	0.190
	均值		840	11.9	0.191

采样地点	编号	样品名称	采样量/m³	PCDF/Ds/（pg/m³）	I-TEQ/（pg/m³）
氯化工厂化工区	TJ4	厂区成品区	869	9151	54.3
	TJ5	厂区碱溶区	657	11363	125
	均值		763	10257	89.5
垃圾焚烧厂所在地居民区	JK1	样品1	850	3.97	0.082
	JK2	样品2	854	13.34	0.139
	均值		853	8.65	0.11
焚烧厂A区	LD1	住宅区	841	167.03	2.152
	LD2	办公区	848	1.01	0.038
	LD3	中控室	855	2.14	0.034
	LD4	焚烧炉后	815	78.03	1.739
	LD5	落灰区	812	59.07	1.201
	LD6	焚烧炉前	821	262.91	4.424
	均值		832	95.03	1.598
焚烧厂B区	LN1	住宅区PM₂.₅	865	47.08	0.853
	LN2	办公区PM₂.₅	859	22.76	0.601
	LN3	中控室PM₂.₅	850	2.55	0.082
	LN4	焚烧炉后PM₂.₅	847	118.11	1.829
	LN5	布袋口PM₂.₅	848	37.46	4.900
	均值		854	45.59	1.65

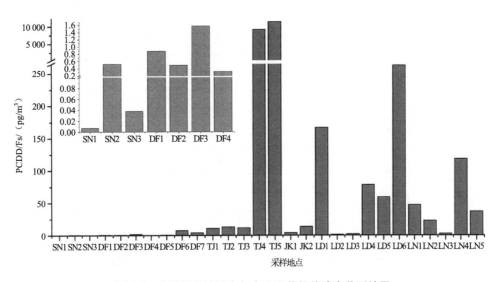

图4-2 典型行业地区空气中二噁英的总浓度监测结果

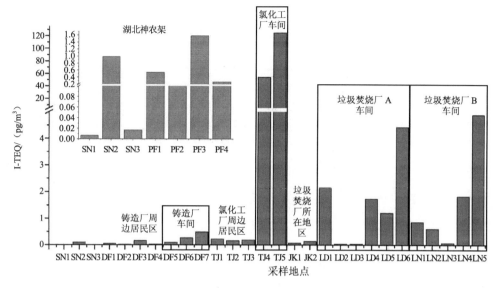

图4-3　典型行业地区空气中二噁英 I-TEQ 的监测结果

从表 4-5 和图 4-2 中可以看出，课题背景点湖北神农架林区环境空气中二噁英的监测结果很低，比钢铁铸造厂所在地的监测结果低约 1 倍，比氯化工厂所在地的监测结果低约 5 倍，比垃圾焚烧厂所在地的低约 3 倍。这四地环境空气质量均未超过日本环境空气推荐质量标准（0.6 pg I-TEQ/m³）。

由图 4-3 可以看出，钢铁铸造厂车间、氯化工厂车间和垃圾焚烧厂车间中二噁英的含量明显高于周边环境，尤其是氯化工厂车间环境空气中 PCDD/Fs 的毒性当量值远远高于周边功能区。初步估计，该车间内工作人员 PCDD/Fs 的暴露水平非常高，已受到一定程度的健康威胁，并且采样期间发现暴露于该化工厂车间的一线普通工人，PCDD/Fs 的典型病例氯痤疮普遍存在。

4.3.1　清洁对照地区环境空气中 PCDD/Fs 含量

清洁对照区（湖北神农架林区）大气环境 PM$_{2.5}$ 颗粒中的 PCDD/Fs 含量如图 4-4 所示。

清洁对照区环境空气中二噁英的浓度很低，为 0.01～0.52 pg/m³，平均值为 0.19 pg/m³；毒性当量范围为 0.001～0.099 pg I-TEQ/m³，平均 TEQ 值为 0.034 pg I-TEQ/m³。均低于我国参照的日本环境空气质量标准（0.6 pgI-TEQ/m³）。

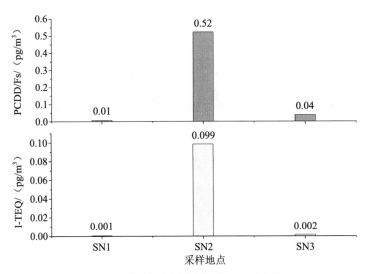

图 4-4　清洁对照区空气中二噁英含量

4.3.2　铸造行业环境空气中 PCDD/Fs 含量

该铸造厂车间及周边生活区大气环境 $PM_{2.5}$ 颗粒中的 PCDD/Fs 含量如图 4-5 所示。

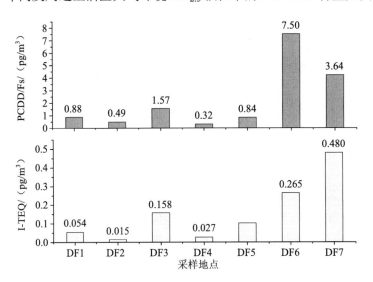

图 4-5　铸造行业及周边生活区空气中二噁英含量

铸造行业周边生活区环境空气中二噁英含量为 0.32～1.57 pg/m³，平均浓度为 0.81 pg/m³；毒性当量范围为 0.015～0.158 pg/m³，平均 TEQ 值为 0.063 pg I-TEQ/m³。

厂区车间内环境空气中二噁英浓度明显高于清洁对照区和周边生活区，为 0.84～7.50 pg/m³，均值为 4.18 pg/m³，分别是清洁对照区和周边区的 22 倍和 5 倍。车间里的二噁英 TEQ 值远远大于背景区和居民区。其中镉化区的 TEQ 值最大，为 0.480 pg I-TEQ/m³，是清洁对照区平均 TEQ 的 14.2 倍、是周边居民区平均 TEQ 的 7.56 倍。

铸造行业周边生活区环境空气中的二噁英毒性当量浓度均低于我国参照的日本环境空气质量标准（0.6 pgI-TEQ/m³）。

4.3.3　氯化工行业环境空气中 PCDD/Fs 含量

该氯化工厂厂区车间及周边生活区大气环境 PM$_{2.5}$ 颗粒中的 PCDD/Fs 含量如图 4-6 所示。

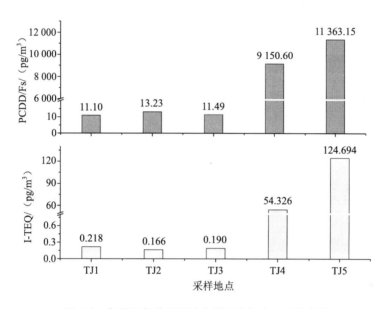

图 4-6　氯化工行业及周边生活区空气中二噁英含量

氯化工行业周边生活区空气中二噁英浓度为 11.1～13.2 pg/m³，均值为 11.9 pg/m³；I-TEQ 值为 0.166～0.218 pg I-TEQ/m³，平均值为 0.191 pg I-TEQ/m³。均未超过环境空气质量标准。

氯化工车间空气的二噁英含量远远大于周边环境。其二噁英平均浓度值为 10 257 pg/m³，毒性当量浓度值平均为 89.5 pg I-TEQ/m³。车间环境空气中的二噁英 I-TEQ 值均大大超过了环境空气质量标准（0.6 pgI-TEQ/m³），分别为环境限值的 90 倍和 208 倍。初步估计，该车间内工作人员 PCDD/Fs 的暴露水平非常高，已受到一定程度的健康威胁。

4.3.4　垃圾焚烧行业环境空气中 PCDD/Fs 含量

两垃圾焚烧厂车间及周边生活区大气环境 PM$_{2.5}$ 颗粒中的 PCDD/Fs 含量如图 4-7 所示。

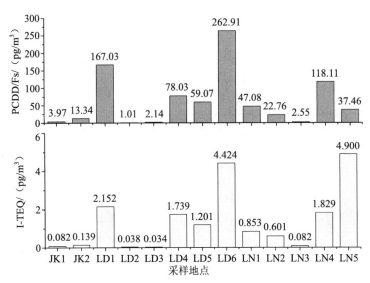

图 4-7   垃圾焚烧行业及周边生活区空气中二噁英含量

垃圾焚烧行业周边生活区环境空气中二噁英平均浓度为 8.65 pg/m³，平均 I-TEQ 值为 0.111 pgI-TEQ/m³。焚烧厂周边生活区的二噁英毒性水平均未超过环境限值。

焚烧厂 A 厂内环境空气的二噁英浓度范围为 1.01～263 pg/m³，平均值为 95.03 pg/m³，约为周边生活区的 11 倍。焚烧厂 B 厂内环境空气的二噁英浓度范围为 2.55～118 pg/m³，平均浓度为 47.6 pg/m³，是周边生活区的 5 倍左右。厂内焚烧炉前后的二噁英浓度最大。

焚烧行业厂区内大部分点位的 I-TEQ 值都超过了环境空气质量标准，A 厂环境空气二噁英毒性当量浓度范围为 0.034～4.42 pg I-TEQ/m³，平均值为 1.60 pg I-TEQ/m³。B 厂环境空气的二噁英 I-TEQ 值为 0.082～4.90 pgI-TEQ/m³，平均值为 1.65 pgI-TEQ/m³。焚烧行业车间环境空气中的二噁英毒性当量浓度约为周边生活区的 14.7 倍，是评价限值的 2.7 倍左右。焚烧炉前和布袋口区域的 I-TEQ 值最高，分别达到了评价限值的 7.37 倍和 8.17 倍。

4.4   典型行业和对照研究人群通过空气吸入 PCDD/Fs 量的对比分析

二噁英类化合物的暴露途径是多种的，可通过呼吸道、消化道和皮肤吸收[3]。本研究前期只对环境空气和生活区域中食物样本中二噁英类化合物进行了监测，其监测结果可在宏观层面了解到典型行业人群暴露与环境空气，食物样品中二噁英高于周边居民，也高于清洁对照区。对于研究个体暴露二噁英的含量是远远不够的，本研究根据经验公式评估各暴露途径摄入二噁英含量，来评估个体暴露二噁英的量更为准确。

4.4.1   经呼吸暴露量评估公式

本研究运用 Nouwen 等[4]的公式来估算研究对象通过呼吸道摄入 PCDD/Fs 的暴露量，

具体见公式 4-1。

$$\text{Inh}_{\text{m/f}} = \frac{V_{\text{rm/f}} \times C_{\text{air}} \times t \times f_{\text{r}}}{W_{\text{m/f}}} \tag{4-1}$$

式中，$\text{Inh}_{\text{m/f}}$ 为研究对象经过呼吸道摄入的 PCDD/Fs 的暴露量；$V_{\text{rm/f}}$ 为不同劳动强度下的肺通气量，m^3/h；C_{air} 为不同环境空气中的 PCDD/Fs 浓度，$pg \cdot TEQ/m^3$；t 为研究对象在每个环境中所处的时间，h；f_{r} 为肺泡阻留率，0.75；$W_{\text{m/f}}$ 为体重，kg。

本公式是根据个体每天规律性的生产生活来评估，研究对象经呼吸摄入二噁英的含量。具体可分为工作班的暴露量加上休息时间的暴露量。

本研究调查了研究对象的日常起居情况，典型行业一线工人工作班时间（6～12 h/d）采用生产车间环境空气中 PCDD/Fs 的水平，辅助工人采用典型行业行政辅助工作环境空气中 PCDD/Fs 的水平，铸造厂工人休息时间活动则暴露在周边居民区环境监测点范围内。周边居民则采用典型行业 3～5 km 以外的居民区环境空气中 PCDD/Fs 水平，对照清洁区居民采用其所处环境空气中 PCDD/Fs 的水平。研究对象具体暴露在该环境空气中 PCDD/Fs 浓度水平为：铸造厂铸造浇铸车间工人环境空气监测点为浇铸区和落砂区监测点，铸造厂辅助工人采用该铸造厂区的卫生所环境空气监测点。铸造厂周边人群环境空气监测点为朝阳路和车厢南区监测点。垃圾焚烧厂的工人工作班期间暴露根据其工作范围，选取办公室、中控室、焚烧炉前后，布袋口以及落灰区等监测点，其下班休息期间暴露于住宿区。垃圾焚烧厂周边居民的日常暴露情况则用该厂周边某事业单位作为监测点。氯化工人工作班期间的空气暴露采用氯化工厂厂区成品区、碱溶区和水淬区为监测点，氯化厂工人下班休息期间和氯化工厂周边居民则采用周边某医院、某事业单位和某学校作为监测点。清洁对照区工作和生活暴露监测点为神农架松柏村二组、神农架宾馆和神农架林区实验小学。

此外，肺通气量是根据研究对象工作班的劳动强度评估后自我报告，统一将劳动强度划分为轻、中、重体力劳动。其中本次劳动强度评估是根据我们现有国家标准 GB 3869—1997 体力劳动强度分级[5]确定的。其中所涉及的方法为体力劳动强度指数计算方法得到的。根据相关研究报道[6]，本研究中男性轻、中、重体力活动对应肺通气量依次为 2 m^3/h，2.6 m^3/h，4.3 m^3/h；女性轻、中、重体力活动对应肺通气量依次为 1.8 m^3/h，2.7 m^3/h，4.1 m^3/h。

所处暴露环境时间，根据其工作班时间估算得到。即该工作班全部时间的环境空气暴露浓度为所在监测点浓度。休息时间为 24 h 减去工作班时间。休息全部时间的环境空气暴露浓度为所在监测点浓度。

环境空气中 PCDD/Fs 基本都附着在空气颗粒物中，由于人体呼吸道一系列的防御装置，吸入人体的空气颗粒物，首先通过鼻腔时，因鼻毛的滤尘作用和鼻中隔弯曲而阻留，进入气管和支气管的颗粒物，绝大部分可由支气管树的分叉、黏膜上皮纤毛运动而阻留并随痰排出。因此，公式 4-1 引入了肺泡阻留率的校正参数，一般认为人体呼吸进入人体的二噁英类化合物有 25% 被阻挡在体外，而不能进入人体。因此采用 0.75 为肺泡阻留率。

4.4.2 人群经呼吸暴露评估结果

各人群经体重校正的呼吸暴露量水平如表 4-3 所示：经呼吸暴露评估得到各人群组中的分布，铸造厂工人经呼吸暴露量为 59.7（37.2～165）fg TEQ/[kg（体重）·d]，铸造厂周边居民经呼吸暴露量为 33.0（7.37～95.6）fg TEQ/[kg（体重）·d]，垃圾焚烧厂工人经呼吸暴露量为 232（77.2～1 082）fg TEQ/[kg（体重）·d]，垃圾焚烧厂周边居民经呼吸暴露量为 45.7（42.0～93.6）fg TEQ/[kg（体重）·d]，氯化工人经呼吸暴露量为 11 081（7 371～21 717）fg TEQ/[kg（体重）·d]，氯化工厂周边居民经呼吸暴露量为 103（75.1～151）fg TEQ/[kg（体重）·d]，清洁对照区居民经呼吸暴露量为 0.88（0.31～1.27）fg TEQ/[kg（体重）·d]。

以上结果表明，典型行业职业工人经呼吸暴露量高于周边居民组，铸造工人组＞铸造厂周边居民组，垃圾焚烧厂＞垃圾焚烧厂周边居民组，氯化工人组＞氯化厂周边居民组，且均高于清洁对照组。

本研究人群中，男性 620 人，经呼吸暴露量为 81.57（0.89～537）fg TEQ/[kg（体重）·d]，357 名女性经呼吸暴露量为 77.8（0.49～245）fg TEQ/[kg（体重）·d]。男性高于女性暴露量，其中可能的原因在于男性较于女性更可能从事体力劳动强度大的工作，肺通气量大，经呼吸暴露量多。亦有可能是男性相对于女性，更可能在一线二噁英高暴露区工作，其暴露高二噁英浓度的概率较大。

在年龄分组中，＜36 岁组 529 名，经呼吸暴露量为 97.9（32.8～622）fg TEQ/[kg（体重）·d]，在 36～43 岁组研究对象 219 名，其暴露量为 43.6（0.82～235）fg TEQ/[kg（体重）·d]，在 ≥43 岁组中暴露量为 36.3（0.41～197）fg TEQ/[kg（体重）·d]。其中差异有统计学意义，但可能存在的原因在于每个年龄分组中工种或者暴露水平不均衡造成的。

表 4-3   典型行业人群经呼吸暴露 PCDD/Fs 含量

		人数	经呼吸暴露量/ {fg TEQ/[kg（体重）·d]}	P 值
区域	铸造厂	216	59.7（37.2～165）*	＜0.01
	铸造厂周边	101	33.0（7.67～95.6）	
	垃圾焚烧厂	174	232（77.2～1 082）*	
	垃圾焚烧厂周边	74	45.8（42.0～93.6）	
	氯化工厂	84	11 081（7371～21 717）*#	
	氯化工厂周边	212	103（75.1～151）	
	清洁区	123	0.88（0.31～1.27）	
性别	男	620	81.6（0.89～537）	0.03
	女	357	77.8（0.49～245）	
年龄	＜36	529	97.9（32.9～622）	0.01
	36～43	219	43.4（0.82～235）	
	≥43	249	36.3（0.41～197）	
BMI	＜24	593	85.4（0.90～533）	0.52
	≥24	399	77.5（0.79～280）	

注：*与对照组比较，差异有统计学意义；#与周边居民组比较，差异有统计学意义。

在 BMI 分组中，差异没有统计学意义。<24 组中经呼吸暴露 593 人，经呼吸暴露量为 85.4（0.90～533）fg TEQ/[kg（体重）·d]，超重或者肥胖组（≥24）组，人数 399 人，经呼吸暴露量 77.47（0.79～280）fg TEQ/[kg（体重）·d]。

为了进一步明确一线工人与辅助工人的暴露水平，本研究将铸造厂和垃圾焚烧厂的职业工人分为一线工人和辅助工人进行比较。结果如下表 4-4 所示：

表 4-4 典型行业职业工人与周边居民经呼吸暴露量

	铸造厂	垃圾焚烧厂
一线工人	103	68
经呼吸暴露量/ {fg TEQ/[kg（体重）·d]}	76.9（28.9～266）	369（203～1 994）
辅助工人	112	116
经呼吸暴露量/ {fg TEQ/[kg（体重）·d]}	51.0（14.5～27.5）	59.8（38.2～279）
周边居民	59	82
经呼吸暴露量/ {fg TEQ/[kg（体重）·d]}	33.0（7.67～95.6）	45.8（42.0～93.6）

上表结果显示，铸造厂一线工人和辅助工人经呼吸暴露量均高于周边居民组。在垃圾焚烧行业也表现出相似的分布。以上结果显示，距离二噁英类化合物暴露源越远，经呼吸暴露量越低的趋势。

环境空气中的 PCDD/Fs 含量以及毒性当量浓度均呈典型行业环境＞周边居民＞清洁对照组。铸造厂环境空气中 PCDD/Fs 的含量为 1.41～7.50 pg/m³，均值 3.49 pg/m³。Li Xiaomin 等报道的鞍山钢铁厂的污染水平（0.02～9.79 pg/m³）与本书研究结果类似。由于 PCDD/Fs 类化合物随不同季节变化而变化，且本研究采样时间为夏季，以采样时间为基准，本研究结果高于鞍山钢铁厂报道的夏季污染水平（0.02～2.77 pg/m³）。与王丽华等[7]在同一铸造厂的相关报道一致。铸造厂职业工人经呼吸暴露 PCDD/Fs 的含量为 49.2（28.1～155 fg TEQ/[kg（体重）·d]），高于 Hu 等人报道的某金属冶炼车间工人经呼吸暴露 PCDD/Fs 的水平（0.09～8.90 fg TEQ/[kg（体重）·d]）。

垃圾焚烧厂职业工人的经呼吸暴露水平高于韩国某大城市地区人群的呼吸暴露水平（0.163 pg TEQ/[kg（体重）·d]）[8]，根据综述分析国内外焚烧区域周边个体居民经呼吸暴露 PCDD/Fs 含量如表 4-5 所示：中国的研究报告中指出，垃圾焚烧厂周边居民经呼吸暴露量为 11～57 fg TEQ/[kg（体重）·d]、21～190 fg TEQ/[kg（体重）·d]、4.9～14.50 fg TEQ/[kg（体重）·d]。比利时调查报告显示垃圾焚烧厂周边居民经呼吸暴露 PCDD/Fs 的量为 6.51 fg TEQ/[kg（体重）·d]。西班牙报道的垃圾焚烧厂周边居民经呼吸暴露 PCDD/Fs 的量为 46.2 fg TEQ/[kg（体重）·d]、37.8 fg TEQ/[kg（体重）·d]、9.37 fg TEQ/[kg（体重）·d]、7.66 fg TEQ/[kg（体重）·d]。韩国报道的垃圾焚烧厂周边居民经呼吸暴露 PCDD/Fs 的量为 163 fg TEQ/[kg（体重）·d]、82.3 fg TEQ/[kg（体重）·d]和 17.1 fg TEQ/[kg（体重）·d]。与以上研究相比，本研究中垃圾焚烧厂周边居民经环境空气中 PCDD/Fs 暴露量水平相当。

本研究中氯化工行业环境空气中 PCDD/Fs 高于我国环境空气限值（0.6 pg TEQ/m^3）的 90.5 倍和 208 倍。远远超出我国环境空气限值，其中评估职业工人经呼吸暴露 PCDD/Fs 的量是垃圾焚烧厂工人呼吸暴露的 2.75 倍，是铸造厂工人的 17.5 倍。其周边居民经呼吸暴露量为垃圾焚烧厂周边居民的 8.5 倍，是铸造厂周边居民的 21 倍。可见该行业人群经呼吸暴露 PCDD/Fs 含量之高。

表 4-5   国内外焚烧厂区域个体二噁英呼吸暴露量对比

地区	地点	呼吸暴露量/{pg I-TEQ/[kg（体重）·d]}
中国[9-10]	周边	$1.10×10^{-2}$～$5.70×10^{-2}$
	周边	$2.10×10^{-2}$～$1.90×10^{-1}$
	周边	$4.90×10^{-3}$～$1.45×10^{-2}$
	周边	$6.53×10^{-2}$
比利时[4]	周边	$6.51×10^{-3}$
西班牙[11]	周边	$4.62×10^{-2}$
	周边	$3.78×10^{-2}$
	周边	$9.37×10^{-3}$
	周边	$7.66×10^{-3}$
韩国[3]	周边	$1.63×10^{-1}$
	周边	$8.23×10^{-2}$
	周边	$1.71×10^{-2}$

4.5   研究结论与建议

4.5.1   研究结论

（1）钢铁铸造厂车间、氯化工厂车间和垃圾焚烧厂车间中二噁英的含量明显高于环境，其中氯化工车间里的二噁英毒性当量浓度最大。

典型行业中，铸造行业的个体二噁英呼吸暴露值低于其他两个行业且未超过评价限值。垃圾焚烧行业的个体二噁英呼吸暴露平均值略高于评价限值。而氯化工行业的个体二噁英呼吸暴露水平远远超过了限值，车间内工作人员的二噁英暴露风险极大。

（2）汽车铸造厂厂区车间及其周边生活区环境空气中的二噁英毒性当量浓度均低于环境空气质量标准。车间里镉化区的 TEQ 值最大，是清洁对照区平均 TEQ 的 14.2 倍、周边居民区平均 TEQ 的 7.56 倍。

铸造行业车间中，个体二噁英呼吸暴露值均没有超过评价限值。平均个体暴露量是周边生活区的 5 倍，其中镉化区的个体二噁英呼吸暴露量最大。

（3）氯化工车间空气的二噁英含量远大于周边环境。其车间环境空气中的二噁英 I-TEQ 值分别为环境限值的 90 倍和 208 倍。

氯化工厂区车间里的个体二噁英呼吸暴露水平很高，约为周边人群的 500 倍、评价限值的 75 倍。其中碱溶区的暴露水平是成品区的两倍左右，该车间内工作人员 PCDD/Fs 的暴露水平非常高。

（4）焚烧厂厂内焚烧炉前后的二噁英浓度最大。厂区内大部分点位的 I-TEQ 值都超过了环境空气质量标准，车间环境空气中的二噁英毒性当量浓度约为周边生活区的 14.7 倍，是评价限值的 2.7 倍左右。焚烧炉前和布袋口区域的 I-TEQ 值最高，分别达到了评价限值的 7.37 倍和 8.17 倍。

（5）垃圾焚烧行业厂区车间中，平均暴露值约为评价限值的 1.4 倍。其中焚烧炉前及布袋口区域的个体呼吸暴露水平最高。

4.5.2　建　议

典型行业工作场所内的二噁英污染对身处其中的人群带来了潜在的威胁，结合研究结果，为控制二噁英在工作场所内的排放以及减少在此类场所内工作或活动人群的二噁英暴露危害，提出以下建议：

（1）对于铸造行业，应选择环保型的铸造材料比如含碳量及含氯量低的铸造用砂等，选择合适的焚烧炉炉型和工艺，减少二噁英的生成。此外应减少铸造厂中镉化区的人员活动量。

（2）氯化工行业应加强对工艺废气的收集与处置，并对作坊式氯化工企业重点监管，必要时予以取缔。

（3）焚烧行业的主厂房应建在厂区内的下风向处。在运营过程中，应保证烟气处理设施的正常运行及达标排放，重视对飞灰的集中管理，减少二噁英的排放及污染。

焚烧厂厂区中，焚烧炉前后区域、布袋口区域为高污染区域，应减少人员尤其是女性在此类区域的活动，避免暴露危害。在过道落灰区，应避免进行高劳动强度的作业。

（4）加强工作场所内的通风净化，净化室内空气。

（5）经呼吸暴露评估结果可以得出，典型行业人群暴露量高于周边居民，高于清洁对照区。铸造工人＞铸造厂周边居民组＞清洁对照区；垃圾焚烧工人＞垃圾焚烧厂周边居民组＞清洁对照区；氯化工人＞氯化厂周边居民组＞清洁对照区。

参考文献

[1]　环境保护部. HJ77.2—2008 环境空气和废气　二噁英的测定同位素　稀释高分辨气相色谱—高分辨质谱法[S]. 北京：中国环境科学出版社，2009.

[2]   张漫雯,张素坤,李艳静,等. 检测沉积物中多氯代二苯并对二噁英和多氯代二苯并呋喃(PCDD/Fs)的前处理方法优化[J]. 环境化学,2011,30(3):723-724.

[3]   Lee,S. J.,Choi,S. D.,Jin,G. Z.,et al. Assessment of PCDD/Fsrisk after implementation of emission reduction at a MSWI[J]. Chemosphere,2007,68:856-863.

[4]   Nouwen J,Cornelis C,Fré R D,et al. Health Risk Assessment of Dioxin Emissions from Municipal Waste Incinerators:the Neerlandquarter(Wilrijk,Belgium)[J]. Chemosphere,2001,43(4-7):909-923.

[5]   中华人民共和国国家质量监督检验检疫总局、中国国家标准化管理委员会. GB3869-1997 体力劳动强度分级[S]. 北京:中国标准出版社,1997.

[6]   Liu S.F,Qi T.S,Zhang D,et al. Research about the relationships among labor load,heart rate,oxygen consumption and pulmonary ventilation volume of vegetable growers[J]. China occupational medicine,1990,17(119):207-209.

[7]   Wang L,Weng S,Wen S,et al. Polychlorinated dibenzo-p-dioxins and dibenzofurans and their association with cancer mortality among workers in one automobile foundry factory[J]. Science of the Total Environment,2013,443:104-111.

[8]   Park J S K J G. Regional measurements of PCDD/PCDF concentrations in Korean atmosphere and comparison with gas-particle portioning models [J]. Chemosphere,2002,49:755-764.

[9]   穆乃花.生活垃圾焚烧厂周围环境介质中二噁英分布规律及健康风险研究[D]. 兰州交通大学,2014.

[10] 徐梦侠. 城市生活垃圾焚烧厂二噁英排放的环境影响研究[D]. 浙江大学,2009.

[11] Domingo J L,Agramunt M C,Nadal M,et al. Health risk assessment of PCDD/PCDF exposure for the population living in the vicinity of a municipal waste incinerator.[J]. Archives of Environmental Contamination & Toxicology,2002,43(4):461-465.

5 典型行业地区和对照地区不同类型食物中 PCDD/Fs 水平比较与人体摄入的对比分析

PCDD/Fs 是 PCDDs 和 PCDFs 两大类化合物的简称。它们是以微量形式存在于生态系统各部分的环境污染物，是各种工业活动和所有燃烧过程中形成的副产物。PCDD/Fs 具有亲脂性，能够在食物链中累积，食物是二噁英进入人体的主要途径之一，世界卫生组织（WHO）认定每日二噁英背景吸入量的 90% 源于饮食，特别是肉类、乳制品等动物性食品的摄入。长期食用受二噁英污染的食物，将会导致二噁英在人体内的高度蓄积，对人体健康造成极大的危害。

本章利用食品安全国家标准《食品中二噁英及其类似物毒性当量的测定》（GB 5009.205—2013）对典型污染地区和对照地区食品中的二噁英水平进行分析，了解污染地区食品中二噁英的污染状态，为后续的风险评估提供数据基础。

5.1 典型行业和对照地区不同类型食物的采集情况

样品采自于典型行业所在地区：钢铁铸造厂所在地、氯化工厂所在地和垃圾焚烧厂所在地当地的菜市场和超市，并以神农架地区为对照地区。

共采集 44 份食品样品，其中神农架地区 7 份（包含猪肉、牛肉、鸡肉、水产、牛奶、鸡蛋、蔬菜）；钢铁制造厂地区 11 份（包含猪肉、牛肉、鸡肉、水产、牛奶、鸡蛋、蔬菜、鸭肉），氯化工厂地区 15 份样品（包含猪肉、牛肉、鸡肉、水产、牛奶、鸡蛋、蔬菜、羊肉），垃圾焚烧厂地区 11 份样品（猪肉、牛肉、鸡肉、鸭肉、羊肉、水产、牛奶、鸡蛋、蔬菜 9 类样品）。

5.2 不同类型食物中 PCDD/Fs 的测定方法和主要步骤

5.2.1 仪器与试剂

有机试剂：以下有机溶剂均为农残级，浓缩 10 000 倍后不得检出二噁英及其类似物。丙酮、正己烷、甲苯、乙酸乙酯、二氯甲烷、甲醇、壬烷。

标准溶液：购买自 Wellington 公司的 PCDD/Fs 标准溶液（EPA1613—1997 规定的标准

溶液）。校正和时间窗口确定的标准溶液（CS3WT 溶液）：用壬烷配制，为含有天然和同位素标记 PCDD/Fs（定量内标、净化标准和回收率内标）的溶液，用于方法的校正和确证，并可以用于 DB-5 毛细管柱（或等效柱）时间窗口确定和 2,3,7,8-TCDD 分离度的检查；净化标准溶液：用壬烷配制的 $^{37}Cl_4$-2,3,7,8-TCDD 溶液（浓度为 40 ng/ml±2 ng/ml）；同位素标记定量内标的储备溶液：用壬烷配制的 ^{13}C-PCDD/Fs 溶液；回收率内标标准溶液：用壬烷配制的 ^{13}C-1,2,3,4-TCDD 和 ^{13}C-1,2,3,7,8,9-HxCDD 溶液；精密度和回收率检查标准溶液（PAR）：用壬烷配制的含天然 PCDD/Fs 溶液，用于方法建立时的初始精密度和回收率试验（IPR）及过程精密度和回收率试验（OPR）；保留时间窗口确定的标准溶液（TDTFWD）：用于确定规定毛细管柱中四氯至八氯取代化合物出峰顺序，同时用于检查在规定的色谱柱中 2,3,7,8-TCDD 和 2,3,7,8-TCDF 的分离度；校正标准溶液：为含有天然和同位素标记的 PCDD/Fs 系列校正溶液，其中 CSL 为浓度更低的天然 PCDD/Fs 校正溶液，用于质谱系统校正。测定校正标准溶液，可以获得天然与标记 PCDD/Fs 的 RRF。此外，CS3 用于已建立 RRF 的日常校正和校正曲线校验（VER）；CS1 用于检查 HRGC-HRMS 必须具备的灵敏度。由于食品要求的灵敏度更低，可以使用 CSL 进行灵敏度检查。

样品净化用吸附剂：无水硫酸钠，用 2 倍体积的二氯甲烷淋洗，然后再置于 600℃的马弗炉烘烤 6 h，干燥器中密闭，保存备用；活化硅胶，将一定数量的硅胶 Silica 60（60～200 目）在 450℃下，干燥至少 6 h，最多 10 h。然后在干燥器中冷却；酸化硅胶，（44%）将 56g 的硅胶与 44 g 的硫酸，边用玻璃棒搅拌，不断摇动硅胶使之尽量混匀，加塞密封后置于快频摇床上摇荡直至硅胶呈流动状态。将制备好的填料放在干燥器内保存。

仪器设备：（HRGC-HRMS）、DB-5 ms（5%二苯基-95%二甲基聚硅氧烷）柱：60 m×0.25 mm×0.25 μm 或等效色谱柱、全自动索氏提取仪、二噁英全自动液体管理系统（FMS）、组织匀浆器、绞肉机、旋转蒸发器、氮气浓缩器、超声波清洗器、振荡器、天平：感量为 0.1 mg。

5.2.2　样品预处理

方法来自于 EPA 1613 和 GB 5009.205—2013。称取 50～200 g 样品（精确到 0.001 g），经过冷冻干燥后，准确称重，计算含水量。根据估计的污染水平，称取适量试样（精确到 0.001 g），加无水硫酸钠研磨，制成能自由流动的粉末。将粉末全部转移至处理好的提取套筒，置于自动索氏抽提器中进行提取。在提取套筒中加入适量 $^{13}C_{12}$ 标记的定量内标，用玻璃棉盖住样品，平衡 30 min 后装入索氏提取器，以适量正己烷：二氯甲烷（1：1，体积比）为溶剂提取 72 个循环。提取后，将提取液转移到茄型瓶中，旋转蒸发浓缩至近干。过夜测定其脂肪含量，然后加少量正己烷溶解，接着加入适量的 44%的酸化硅胶在 50℃充分混合 30 min 进行初步净化浓缩，然后用二噁英自动净化系统（FMS）进行进一步净化，最后氮吹浓缩后加入回收标，用 HRGC-HRMS 分析。

5.2.3　仪器分析条件

色谱条件：DB-5 ms 色谱柱（60 m×0.25 mm×0.25 μm），进样口温度为 280℃，传输线温度为 310℃，柱温为 120℃（保持 1 min）；以 43℃/min 升温速率升至 220℃（保持 15 min）；以 2.3℃/min 升温速率升至 250℃，以 0.9℃/min 升温速率升至 260℃，以 20℃/min 升温速率升至 310℃（保持 9 min）。载气流量为 0.8 ml/min。

质谱条件：分辨率≥10 000，EI 电离源，电离能量 35eV，源温 250℃，选择离子检测（SIR），不分流进样，进样量 1 μl。具体参数见表 5-1。

表 5-1　二噁英的时间窗口、m/z 精确质量分数、m/z 类型和元素组成

化合物	时间窗口及氯取代数	m/z 精确质量分数	m/z 类型	元素组成
PFK		292.982 5	锁定 k	C_7F_{11}
TCDF		303.901 6	M	$C_{12}H_4{}^{35}Cl_4O$
TCDF		305.898 7	M+2	$C_{12}H_4{}^{35}Cl_4{}^{37}ClO$
TCDF[a]		315.941 9	M	$^{13}C_{12}H_4{}^{35}Cl_4O$
TCDF[b]		317.938 9	M+2	$^{13}C_{12}H_4{}^{35}Cl_4{}^{37}ClO$
TCDD	Fn-1	319.896 5	M	$C_{12}H_4{}^{35}Cl_4O_2$
TCDD	Cl-4	321.893 6	M+2	$C_{12}H_4{}^{35}Cl_3{}^{37}ClO_2$
TCDD[b]		327.884 6	M	$C_{12}H_4{}^{37}Cl_4O_2$
PFK		330.979 2	QC	C_7F_{13}
TCDD[a]		331.936 8	M	$^{13}C_{12}H_4{}^{35}Cl_4O_2$
TCDD[a]		333.933 9	M+2	$^{13}C_{12}H_4{}^{35}Cl_4{}^{37}ClO_2$
HxCDPE		375.836 4	M+2	$C_{12}H_4{}^{35}Cl_5{}^{37}ClO$
PeCDF		339.859 7	M+2	$C_{12}H_3{}^{35}Cl_4{}^{37}ClO$
PeCDF		341.856 7	M+4	$C_{12}H_3{}^{35}Cl_3{}^{37}Cl_2O$
PeCDF		351.900 0	M+2	$^{13}C_{12}H_3{}^{35}Cl_4{}^{37}ClO$
PeCDF[a]		353.897 0	M+4	$^{13}C_{12}H_3{}^{35}Cl_3{}^{37}Cl_2O$
PFK	Fn-2	354.979 2	锁定 k	C_9F_{13}
PeCDD	Cl-5	355.854 6	M+2	$C_{12}H_3{}^{35}Cl_4{}^{37}ClO_2$
PeCDD		357.851 6	M+4	$C_{12}H_3{}^{35}Cl_3{}^{37}Cl_2O_2$
PeCDD[a]		367.894 9	M+2	$^{13}C_{12}H_3{}^{35}Cl_4{}^{37}ClO_2$
PeCDD[a]		369.891 9	M+4	$^{13}C_{12}H_3{}^{35}Cl_3{}^{37}Cl_2O_2$
HpCDPE		409.797 4	M+2	$C_{12}H_3{}^{35}Cl_6{}^{37}ClO$
HxCDF		373.820 8	M+2	$C_{12}H_2{}^{35}Cl_5{}^{37}ClO_2$
HxCDF	Fn-3	375.817 8	M+4	$C_{12}H_2{}^{35}Cl_4{}^{37}Cl_2O$
HxCDF[a]	Cl-6	383.863 9	M	$^{13}C_{12}H_2{}^{35}Cl_6O$
HxCDF[a]		385.861 0	M+2	$^{13}C_{12}H_2{}^{35}Cl_5{}^{37}ClO$

化合物	时间窗口及氯取代数	m/z 精确质量分数	m/z 类型	元素组成
HxCDD		389.815 7	M+2	$C_{12}H_2^{35}Cl_5^{37}ClO_2$
HxCDD		391.812 7	M+4	$C_{12}H_3^{35}Cl_4^{37}Cl_2O_2$
PFK		392.976 0	锁定 k	C_9F_{15}
HxCDD[a]	Fn-3	401.855 9	M+2	$^{13}C_{12}H_2^{35}Cl_5^{37}ClO$
HxCDD[a]	Cl-6	403.852 0	M+4	$^{13}C_{12}H_2^{35}Cl_4^{37}Cl_2O_2$
PFK		430.972 9	QC	C_9F_{17}
OCDPE		445.755 5	M+4	$C_{12}H_2^{35}Cl_6^{37}Cl_2O$
HpCDF		407.784 8	M+2	$C_{12}^{35}Cl_6^{37}ClO$
HpCDF		409.778 9	M+4	$C_{12}H^{35}Cl_5^{37}Cl_2O$
HpCDF[a]		417.825 3	M	$^{13}C_{12}H^{35}Cl_7O$
HpCDF[a]		419.822 0	M+2	$^{13}C_{12}H^{35}Cl_6^{37}ClO$
HpCDD	Fn-4	423.776 6	M+2	$C_{12}H^{35}Cl_6^{37}ClO_2$
HpCDD	Cl-7	425.773 7	M+4	$C_{12}H^{35}Cl_5^{37}Cl_2O_2$
PFK		430.972 9	锁定 k	C_8F_{17}
HpCDD[a]		453.816 9	M+2	$^{13}C_{12}H^{35}Cl_6^{37}ClO_2$
HpCDD[a]		437.814 0	M+4	$^{13}C_{12}H^{35}Cl_5^{37}Cl_2O_2$
NCDPE		479.716 5	M+4	$C_{12}^{35}Cl_7^{37}Cl_2O$
OCDF		441.742 8	M+2	$C_{12}H^{35}Cl_7^{37}ClO$
PFK		442.972 8	锁定 k	$C_{10}F_{17}$
OCDF		443.739 9	M+4	$C_{12}^{35}Cl_6^{37}Cl_2O$
OCDD	Fn-5	457.737 7	M+2	$C_{12}^{35}Cl_7^{37}ClO_2$
OCDD	Cl-8	459.734 8	M+4	$C_{12}^{35}Cl_6^{37}Cl_2O_2$
OCDD[a]		469.777 9	M+2	$^{13}C_{12}^{35}Cl_7^{37}ClO_2$
OCDD[a]		471.775 0	M+4	$^{13}C_{12}^{35}Cl_6^{37}Cl_2O_2$
DCDPE		513.677 5	M+4	$C_{12}^{35}Cl_8^{37}Cl_2O$

5.2.4　定量分析

二噁英化合物的定量使用同位素稀释法进行定量，以目标物的两个精确质量数的离子共同进行定量，且两个目标离子必须满足一定的丰度比。进样二噁英的标准系列，计算定量内标化合物相对于目标化合物的 RRF，计算 5 个浓度标准溶液对应的 RRF，计算平均 RRF 值，见公式 5-1；然后使用 RRF 值对目标化合物进行定量，见公式 5-2。

$$RRF = \frac{(A1_n + A2_n) \times c_1}{(A1_1 + A2_1) \times c_n} \tag{5-1}$$

式中：$A1_n$ 和 $A2_n$ 为 PCDD/Fs 的第一个和第二个质量数离子的峰面积；c_1 为校正标准中目标化合物的浓度，$\mu g/L$；$A1_1$ 和 $A2_1$ 为标记化合物的第一个和第二个质量数离子的峰面积；c_n 为校正标准中定量内标化合物的浓度，$\mu g/L$。

$$c_{ex} = \frac{(A1_n + A2_n) \times m_1}{(A1_1 + A2_1) \times \mathrm{RRF} \times m_2} \tag{5-2}$$

式中：c_{ex} 为样品中 PCDD/Fs 的浓度，g/kg；$A1_n$ 和 $A2_n$ 为 PCDD/Fs 的第一个和第二个质量数离子的峰面积；m_1 为样品提取前加入的 $^{13}C_{12}$ 标记定量内标量，ng；$A1_1$ 和 $A2_1$ 为 $^{13}C_{12}$ 标记定量内标的第一个和第二个质量数离子的峰面积；RRF 为相对响应因子；m_2 为试样量，g。

由于 ^{13}C-1,2,3,7,8,9-HxCDD 为回收率内标，因此样品中 1,2,3,7,8,9-HxCDD 的含量使用 ^{13}C-1,2,3,6,7,8-HxCDD 的 RRF 进行定量计算；由于 OCDF 没有对应的定量内标，因此，样品中 OCDF 的含量使用 OCDD 的 RRF 进行定量计算。PCDD/Fs 的总含量是将 17 种 PCDD/Fs 的含量相加。未检出的化合物按检出限计算。

按照 WHO 规定的二噁英及其类似物的毒性当量因子（见表 5-2）计算样品中的二噁英类化合物的毒性当量（TEQ）。

$$\mathrm{TEQ}_i = \mathrm{TEF}_i \times c_i \tag{5-3}$$

$$\mathrm{TEQ}_{\mathrm{PCDDs}} = \sum \mathrm{TEF}_{i\mathrm{PCDDs}} \times c_{i\mathrm{PCDDs}} \tag{5-4}$$

$$\mathrm{TEQ}_{\mathrm{PCDFs}} = \sum \mathrm{TEF}_{i\mathrm{PCDDFs}} \times c_{i\mathrm{PCDFs}} \tag{5-5}$$

$$\mathrm{TEQ}_{\mathrm{PCDD/Fs}} = \mathrm{TEQ}_{\mathrm{PCDDs}} + \mathrm{TEQ}_{\mathrm{PCDFs}} \tag{5-6}$$

式中：TEQ_i 为食品中 PCDD/Fs 或 DL-PCBs 中同系物的二噁英毒性当量（以 TEQ 计），g/kg；TER_i 为 PCDD/Fs 中同系物的毒性当量因子；c_i 为食品中 PCDD/Fs 同系物的浓度，g/kg。

表 5-2　WHO 规定的具有二噁英毒性当量因子（TEF）的 PCDD/Fs

化合物	WHO 1998 TEF	WHO 2005 TEF	编号
2,3,7,8-TCDD	1.0	1.0	1746-01-6
2,3,7,8-TCDF	0.1	0.1	51207-31-9
1,2,3,7,8-PeCDD	1.0	1.0	40321-76-4
1,2,3,7,8-PeCDF	0.05	0.03	57117-41-6
2,3,4,7,8-PeCDF	0.5	0.3	57117-31-4
1,2,3,4,7,8-HxCDD	0.1	0.1	39227-28-6

化合物	WHO 1998 TEF	WHO 2005 TEF	编号
1,2,3,6,7,8-HxCDD	0.1	0.1	57653-85-7
1,2,3,7,8,9-HxCDD	0.1	0.1	19408-74-3
1,2,3,4,7,8-HxCDF	0.1	0.1	70648-26-9
1,2,3,6,7,8-HxCDF	0.1	0.1	57117-44-9
1,2,3,7,8,9-HxCDF	0.1	0.1	72918-21-9
2,3,4,6,7,8-HxCDF	0.1	0.1	60851-34-5
1,2,3,4,6,7,8-HpCDD	0.01	0.01	35822-46-9
1,2,3,4,6,7,8-HpCDF	0.01	0.01	67562-39-4
1,2,3,4,7,8,9-HpCDF	0.01	0.01	55673-89-7
OCDD	0.000 1	0.000 3	3268-87-9
OCDF	0.000 1	0.000 3	39001-02-0

5.2.5　质量控制

为了保证分析结果的质量，在整个分析过程中每 8 个样品做一个方法空白，检测值应扣除空白，并大于 3 倍空白值。同时添加提取内标和进样内标。为了控制实验室的本底和防止样品之间的交叉污染，需要对所有需重复使用的玻璃仪器在使用后尽可能快地认真清洗。这是质量保证和质量控制体系重要的组成部分。具体的清洗过程如下：

（1）用该仪器接触过的最后一种溶剂冲洗两遍；

（2）用自来水冲洗；

（3）用含碱性洗涤剂的热水清洗 1 h（在超声波清洗器中）；

（4）使用洗瓶机清洗（包括酸洗和碱洗）；

（5）使用前依次用正己烷和二氯甲烷冲润洗。

同时本实验室相关分析技术均通过 WHO 认可的相关组织与结构的考核，特别是挪威公共卫生研究院和 UNEP 组织的食品与生物组织中二噁英等 POPs 的考核，见表 5-3。

表 5-3　挪威公共卫生研究院组织的食品中二噁英类化合物分析国际比对 Z 评分

年份	样品名	总 TEQ	PCDD/Fs
2010	母乳	0.73	0.62
	猪肉	−0.64	−1.8
	鲟鱼	0.97	−0.11
2012	鹿肉	0.47	0.35
	鱼排	−0.060	0.43
2014	猪肉	0.10	0.16
	母乳	−1.0	−1.1
	鱼排	−0.12	−0.17

年份	样品名	总 TEQ	PCDD/Fs
	牛肉	−0.35	0.086
2015	鱼排	0.91	0.55
	奶酪	−0.2	−0.78

5.3　典型行业和对照地区不同类型食物中 PCDD/Fs 测定结果

5.3.1　四个地区食品中二噁英的含量水平分析

本实验对 7 份神农架地区样品（对照区）、11 份钢铁铸造厂所在地区、15 份氯化工厂所在地区和 11 份垃圾焚烧厂所在地区样品都分别进行了二噁英含量的测定，在所有的样品中都可以检出二噁英。其中，OCDD 是主要的污染物，也是污染水平最高的污染物，平均含量值为 0.75 pg/g 湿重，远高于其他组分；其次是 1,2,3,4,6,7,8-HpCDD，平均含量值为 0.07 pg/g 湿重。钢铁铸造厂、氯化工厂、垃圾焚烧厂周边和神农架林区这四个地区食品样品中 PCDD/Fs 的组成比类似，另外，除了牛奶样品外，不同样品类别之间 PCDD/Fs 的组成比也相似，如猪肉、鸡肉、水产之间的 PCDD/Fs 组成表明，牛奶样品的污染来源和其他食品样品的污染来源是不一样的，这可能与牛奶样品的流通性好有关。

图 5-1 为四个地区样品中 17 种 PCDD/F 的组分比。

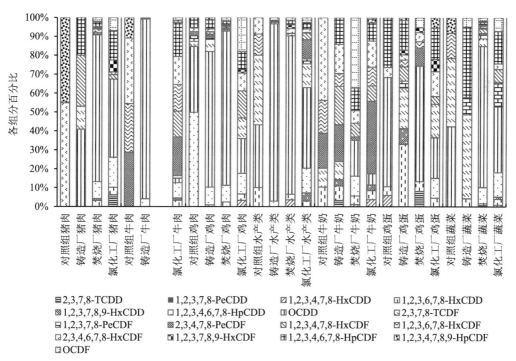

图 5-1　四个地区样品中 17 种 PCDD/F 组分比

猪肉中二噁英含量的组成如图 5-2 所示,可以看出,垃圾焚烧厂所在地区垃圾焚烧厂周边二噁英各组分的含量水平较高,尤其是 OCDD 的含量,比其他地区的值高了将近一个数量级,其次是 1,2,3,4,6,7,8-HpCDD 和 1,2,3,6,7,8-HxCDD 也较高。

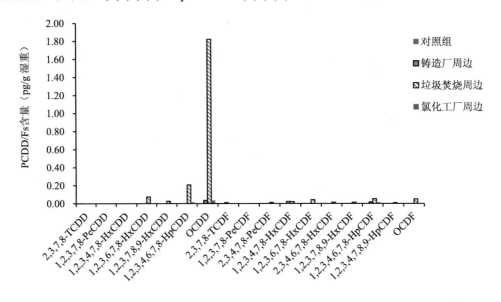

图 5-2　猪肉中 17 种二噁英的含量水平

牛肉中二噁英含量的组成如图 5-3 所示,垃圾焚烧厂所在地区牛肉中 OCDD 的含量会很明显地高于其他值。

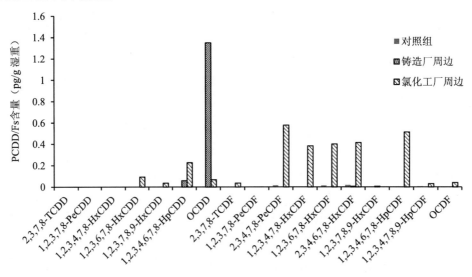

图 5-3　牛肉中 17 种二噁英的含量水平

　　鸡肉中二噁英含量的组成如图 5-4 所示，也是 OCDD 的含量偏高。垃圾焚烧厂周边的 OCDD 尤其高。

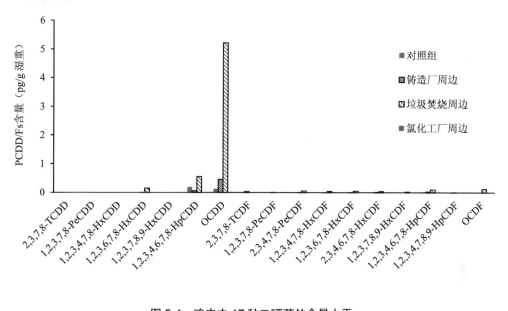

图 5-4　鸡肉中 17 种二噁英的含量水平

　　如图 5-5 所示，水产类总体而言还是 OCDD 的含量偏高，尤其是以钢铁铸造厂所在地区，会比别的地区高出很多倍，其次是垃圾焚烧厂所在地区的 OCDD 值也较高。

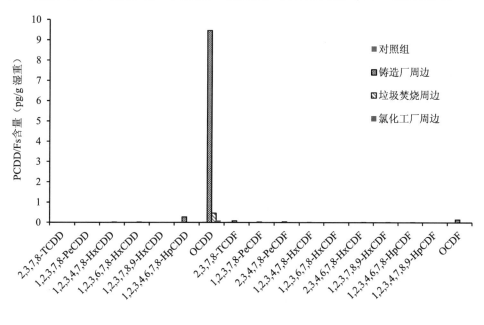

图 5-5　水产中 17 种二噁英的含量水平

　　牛奶中污染水平和肉类食品不一样，主要以五、六、七氯代的呋喃比较高，但是值得注意的是，垃圾焚烧厂所在地区样品中 OCDF 和 OCDD 的值相对较高，其次是六、七氯代的二噁英较高，如图 5-6 所示，这可能和样品采自于垃圾焚烧厂周边有关。

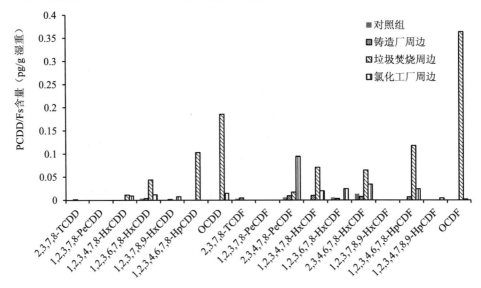

图 5-6　牛奶中 17 种二噁英的含量水平

　　鸡蛋的污染水平如图 5-7 所示，垃圾焚烧厂所在地区鸡蛋中的 OCDD 含量水平仍然是较高的，另外神农架鸡蛋中 OCDD 的含量也较高。

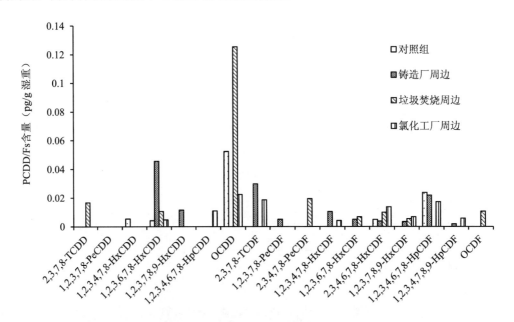

图 5-7　鸡蛋中 17 种二噁英的含量水平

如图 5-8 所示，蔬菜中二噁英的含量会低于动物源性食品中二噁英的含量，同样地，垃圾焚烧厂所在地区蔬菜样品中 OCDD 的较高。其次是 1,2,3,4,6,7,8-HpCDD，2,3,7,8-TCDF 的值较高，三个地区的组成比相似。

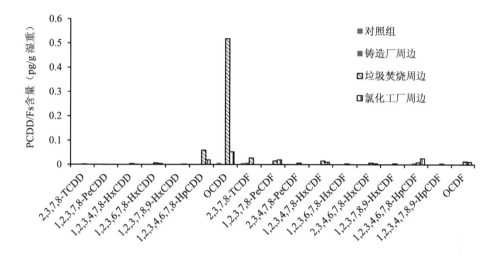

图 5-8　蔬菜中 17 种二噁英的含量水平

羊肉是氯化工厂所在地区食用较多的肉类，如图 5-9 所示，它和牛肉的组成比相似。OCDD、1,2,3,4,6,7,8-HpCDD、2,3,4,7,8-PeCDF 和 1,2,3,6,7,8-HxCDF 都较高。

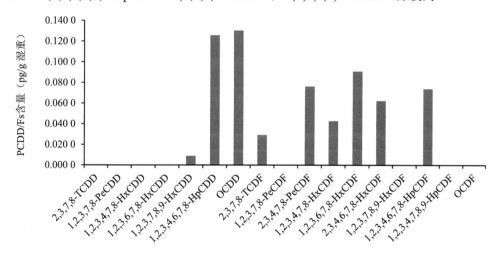

图 5-9　氯化工厂所在地区羊肉样品中 17 种二噁英的含量水平

另外在垃圾焚烧厂所在地区采集了一个鸭肉样品，如图 5-10 所示，样品中的 1,2,3,4,7,8-HxCDF 较高，其次，2,3,4,7,8-PeCDF，2,3,4,6,7,8-HxCDF 和 2,3,7,8-TCDD 也相对较高。

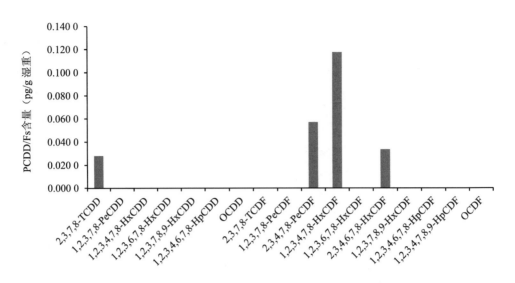

图 5-10　垃圾焚烧厂所在地区鸭肉样品中 17 种二噁英的含量水平

综上所述，OCDD 是主要的污染物，也是污染水平最高的污染物，平均含量值为 0.75 pg/g 湿重，远高于其他组分；其次是 1,2,3,4,6,7,8-HpCDD，平均含量值为 0.07 pg/g 湿重。钢铁铸造厂所在地、氯化工厂所在地、垃圾焚烧厂所在地和神农架林区这四个地区食品样品中 PCDD/Fs 的组成比类似，另外，除了牛奶样品外，不同样品类别之间 PCDD/Fs 的组成比也相似，如猪肉、鸡肉、水产之间的 PCDD/Fs 组成表明，牛奶样品的污染来源和其他食品样品的污染来源是不一样的，这可能与牛奶样品的流通性好有关。

5.3.2　四个研究地区食品中二噁英的 TEQ 水平

为有效评价不同二噁英类化合物的毒性，WHO 规定了具有类似毒理学作用的多种二噁英类化合物的 TEF，以 TEQ 评价 PCDD/Fs 污染水平，如表 5-4 所示，表中分别计算了未检出为 0 时的 TEQ 值和未检出为检出限时的 TEQ 值。在同一地区不同种类食物中 PCDD/Fs 的 TEQ 值也不一样，神农架牛肉、水产和鸡肉样品中 TEQ 值较高，牛奶、鸡蛋、猪肉和蔬菜的 TEQ 值较低；钢铁铸造厂所在地区样品中，水产类样品二噁英的 TEQ 值最高，其次是鸡蛋、牛奶、猪肉、牛肉和猪肉样品，蔬菜样品的 TEQ 值最低；垃圾焚烧厂所在地区的鸡肉样品中 TEQ 值最高，牛奶、鸡蛋、猪肉中 TEQ 值也较高，水产和蔬菜样品的 TEQ 值是最低的；氯化工厂所在地区样品中，牛肉 TEQ 值最高并较其他样品高出 10 倍，其次是牛奶样品也较高，其他种类的样品 TEQ 值均较低，尤其是蔬菜样品 TEQ 值最低。总之，在猪肉、牛肉、鸡肉、牛奶、鸡蛋、水产及蔬菜这七类食品样品中，蔬菜样品 TEQ 值最低，与以往的研究也是相似的，动物性食品中的污染水平会明显高于植物性食品，这与 PCDD/Fs 的性质是相关的，PCDD/Fs 是脂溶性的，且随着生物链蓄积，越是处于食物链的顶端，PCDD/Fs 的蓄积就越大。

表 5-4　四个采样点样品中 17 种二噁英类物质的毒性当量值

	猪肉/（pg/g 湿重）TEQ		鸡肉/（pg/g 湿重）TEQ		牛肉/（pg/g 湿重）TEQ		奶/（pg/g 湿重）TEQ		水产/（pg/g 湿重）TEQ		鸡蛋/（pg/g 湿重）TEQ		蔬菜/（pg/g 湿重）TEQ		鸭肉/（pg/g 湿重）TEQ		羊肉/（pg/g 湿重）TEQ	
	LB	UB	LB	UB	LB	UB	LB	UB	LB	UB	LB	UB	LB	UB	LB	UB	LB	UB
对照区	0.000 8	0.011 1	0.006 9	0.015 5	0.007 8	0.015 6	0.004 2	0.005 7	0.007 0	0.016 3	0.001 7	0.011 0	0.000 8	0.003 3	—	—	—	—
钢铁铸造厂周边	0.003 5	0.013 7	0.010 2	0.017 2	0.002 2	0.012 0	0.007 5	0.008 7	0.029 0	0.035 6	0.011 3	0.018 9	0.001 0	0.003 0	—	—	—	—
垃圾焚烧厂周边	0.025 9	0.032 1	0.058 8	0.065 5	—	—	0.026 6	0.028 1	0.007 1	0.015 4	0.025 9	0.032 7	0.011 9	0.013 4	0.060 2	0.068 1	—	—
氯化工厂周边	0.006 8	0.015 0	0.005 3	0.013 5	0.318 1	0.324 7	0.039 3	0.041 0	0.013 4	0.019 9	0.005 1	0.013 8	0.003 4	0.005 0	—	—	0.048 3	0.048 3

注：1. 表中 LB 是 nd 为 0 时的值，UB 是 nd 为检出限时的值；2. TEQ 为按 WHO 毒性当量因子（TEF）2005 年计算所得。

在猪肉样品，垃圾焚烧厂所在地区＞氯化工厂所在地区＞钢铁铸造厂所在地区＞神农架地区；鸡肉和鸡蛋样品中，垃圾焚烧厂所在地区＞钢铁铸造厂所在地区＞氯化工厂所在地区或神农架；牛奶样品中，氯化工厂所在地区＞钢铁铸造厂所在地区＞垃圾焚烧厂所在地区＞神农架地区；水产样品中，钢铁铸造厂所在地区＞氯化工厂所在地区＞垃圾焚烧厂所在地区＞神农架地区；蔬菜样品中，垃圾焚烧厂所在地区＞氯化工厂所在地区＞钢铁铸造厂所在地区或神农架地区；牛肉样品中，氯化工厂所在地区氯化工厂周边采集的牛肉样品中 PCDD/Fs 的 TEQ 值为 0.318 1 pg TEQ/g 湿重，会远高于钢铁铸造厂所在地区和神农架地区样本中 TEQ 值，同时，它也是所有样品中最高的 TEQ 值，其次垃圾焚烧厂所在地区垃圾焚烧厂周边的鸡鸭肉也较高，为 0.058 8 pg TEQ/g 湿重和 0.060 2 pg TEQ/g 湿重，氯化工厂所在地区氯化工厂周边采集的羊肉样品也较高，为 0.048 3 pg TEQ/g 湿重。因此，在这四个地区中，垃圾焚烧厂所在地区、氯化工厂所在地区和钢铁铸造厂所在地区食品样品中 17 种 PCDD/Fs 的 TEQ 值会显著高于神农架地区，这与样品采集地存在典型二噁英污染来源是密切相关的，神农架地区则有国家自然保护区。

如图 5-11 所示，不同地区食品中二噁英类物质的含量水平分布是有区别的。总体来说，氯化工厂所在地区、氯化工厂周边和垃圾焚烧厂所在地区的垃圾焚烧厂周边采集的食品样品中二噁英类物质的毒性当量值较高，尤其是氯化工厂所在地区的牛羊肉。虽然，以欧盟对食品中二噁英及其类似物的限量标准（No.1259/2011）来看，四个地区食品中二噁英的含量均低于其限值标准。但根据各地区不同的膳食消费水平，二噁英的污染问题仍然值得关注。

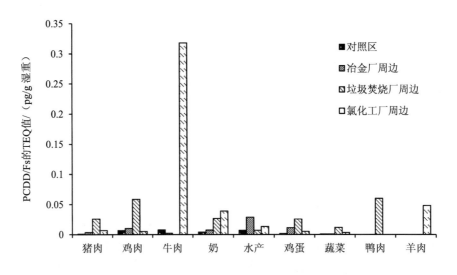

图 5-11　不同地区食品中 17 种二噁英类物质的毒性当量值

5.4　典型行业和对照研究人群通过食物摄入 PCDD/Fs 量的对比分析

由于环境空气暴露源单一，采样较为方便，多数的研究评估个体暴露时均采用经呼吸暴露 PCDD/Fs 含量除以 5%或者 20%得到个体总外暴露量。其中 5%和 20%为某研究结果认为呼吸暴露占总暴露量的 5%～20%。该方法的弊端是不能全面地评估研究对象经暴露途径的暴露量。本研究收集了研究对象所在区域中最常食用的五大类食物：肉类、禽类、蛋奶类、水产品类和蔬菜类（包括猪肉、牛肉、鸡肉、鸡蛋、牛奶、鱼、虾以及茄子、豆角、黄瓜、小白菜等），并根据人们的购买食材的习惯，选择了超市和菜市场。

5.4.1　经饮食暴露评估公式

根据已测定的食物样品种类中 PCDD/Fs 含量和现有的经验公式，拟合人体经膳食暴露 PCDD/Fs 的含量。具体公式（5-7）如下：

$$E = \frac{C_i \times F_i}{B_w} \tag{5-7}$$

式中，E 为研究对象经膳食暴露 PCDD/Fs 量，pg TEQ/[kg（体重）·d]；C_i 为第 i 类食品中 PCDD/Fs 的含量，pg TEQ/g 湿重；F_i 为第 i 类食品消费量，g/d；B_w 为体重，kg。

经膳食摄入 PCDD/Fs 含量的公式可表述为累加每种食物中 PCDD/Fs 摄入量。本研究将食物分为肉类、禽类、鱼虾类、蛋奶类和蔬菜类五大类。食品样本中 PCDD/Fs 的含量已在前文描述，不再赘述。食品的消费量是结合当地膳食调查结果所得。钢铁铸造厂所在地区市和垃圾焚烧厂所在地区城区居民每天食物消费量依次为：猪肉（72.4 g）、牛肉（7.33 g）、鸡肉（16.76 g）、鱼类（59.3 g）、鸡蛋（29.7 g）、牛奶（4.0 g）、蔬菜类（344.5 g）。神农架地区居民每天食物消费量为猪肉（68.20 g）、牛肉（6.91 g）、鸡肉（15.78 g）、鱼类（77.00 g）、鸡蛋（19.30 g）、牛奶（1.90 g）、蔬菜类（473.40 g）。氯化工厂所在地区居民每天的食物消费量依次为：猪肉（50.46 g）、牛肉（16.25 g）、鸡肉（14.58 g）、鱼类（46.60 g）、蛋类（67.81 g）、奶类（102.31 g）、蔬菜类（300.42 g）。

本研究调查了研究对象购买各种食材的场所，各地区居民的购物习惯差不多，90.5%居民会选择菜市场购买蔬菜、鸡蛋等，96.7%的居民会选择在超市购买牛奶等。在超市购买肉类和鱼虾类的居民与在菜市场购买肉类和鱼虾类的居民相一致。

5.4.2　典型行业饮食暴露量评估结果

经饮食暴露二噁英类化合物评估公式所得结果如表 5-5 所示。

铸造厂工人经饮食暴露二噁英类化合物为 64.60（49.43～85.34）fg TEQ/[kg（体重）·d]，铸造厂周边居民经饮食暴露量为 63.61（47.44～87.29）fg TEQ/[kg（体重）·d]。垃圾焚烧行业工人经饮食暴露二噁英类化合物为 88.60（54.05～171.27）fg TEQ/[kg（体重）·d]，垃圾焚烧厂周边居民暴露量为 71.61（61.38～167.91）fg TEQ/[kg（体重）·d]。氯化工行业工人经饮食暴露量为 119.59（93.02～158.03）fg TEQ/[kg（体重）·d]，氯化工周边居民经饮食暴露量为 124.95（97.34～164.15）fg TEQ/[kg（体重）·d]。清洁对照区居民经饮食暴露量为 31.39（31.23～55.34）fg TEQ/[kg（体重）·d]。

表 5-5　典型行业人群各途径暴露 PCDD/Fs 含量

		人数/人	经饮食暴露量/{fg TEQ/[kg(体重)·d]}	P 值
区域	铸造厂	215	64.60（49.43～85.34）*	<0.01
	铸造厂周边	101	63.61（47.44～87.29）*	
	垃圾焚烧厂	174	88.60（54.05～171.27）*	
	垃圾焚烧厂周边	82	71.61（61.38～167.91）*	
	氯化工厂	84	119.59（93.02～158.03）*	
	氯化工厂周边	212	124.95（97.34～164.15）*	
	清洁区	123	31.39（31.23～55.34）	
性别	男	620	61.38（32.00～147.26）	<0.01
	女	357	71.61（37.38～167.91）	
年龄	<36	529	117.31（40.65～164.68）	<0.01
	36～43	219	44.90（30.02～135.29）	
	≥43	249	41.18（31.62～111.22）	
BMI	<24	593	63.19（38.28～167.43）	<0.01
	≥24	399	61.82（30.07～132.29）	

注：*代表在不同组分间的分布有差异。

以上结果表明，典型行业职业工人与周边居民经饮食暴露量差异不大，但行业之间有较大的差异。氯化工行业人群经饮食暴露量高于垃圾焚烧行业人群经饮食暴露量，高于铸造行业人群经饮食暴露量，高于清洁对照区居民。可能是因为各地区现存的二噁英产生源已经影响了周边的食物，二噁英类化合物经排放源排出后经大气循环或者颗粒物沉降等进入食物链，从而蓄积在生物体内，导致各地区居民经饮食暴露二噁英类化合物的含量不同。

结果显示，男性人群经饮食暴露二噁英的量低于女性，差异有统计学意义。男性人群经饮食暴露二噁英的量为 61.38（32.00～147.26）fg TEQ/[kg（体重）·d]，女性人群经饮食暴露二噁英的量为 71.61（37.38～167.91）fg TEQ/[kg（体重）·d]。在不同年龄组中，<36 年龄组经饮食暴露量为 117.31（40.65～164.68）fg TEQ/[kg（体重）·d]，高于其他两组的暴露量，依次为 44.90（30.02～135.29）fg TEQ/[kg（体重）·d]、41.18（31.62～111.22）fg TEQ/[kg（体重）·d]，差异有统计学意义。其中可能的原因在于<36 岁组中以垃圾焚烧和氯化工一线工人居多。在 BMI 分组中，正常体重者经饮食暴露量为 63.19（38.28～167.43）fg TEQ/[kg（体重）·d]，超重或者肥胖组经饮食暴露量为 61.82（30.07～

132.29）fg TEQ/[kg（体重）·d]，差异有统计学意义。

为了进一步观察经饮食暴露二噁英类化合物量在一线工人、辅助工人和周边居民中的分布情况，结果如表 5-6 所示。

铸造厂一线工人经饮食暴露量为 64.53（48.50～87.41）fg TEQ/[kg（体重）·d]，辅助工人经饮食暴露二噁英类化合物的量为 65.03（52.37～82.89）fg TEQ/[kg（体重）·d]，与周边居民的 63.61（47.44～87.29）fg TEQ/[kg（体重）·d]的暴露量没有差异。在垃圾焚烧厂所在地区也没有太大差别，垃圾焚烧厂一线工人经饮食暴露量为 81.14（45.60～183.94）fg TEQ/[kg（体重）·d]，辅助工人经饮食暴露量为 86.03（20.54～153.37）fg TEQ/[kg（体重）·d]，与周边居民差异没有统计学意义。其中的原因在于，各典型行业人群不论是一线工人、辅助工人和周边居民经饮食暴露二噁英类化合物的来源均来自食物。而一个地区的饮食习惯，经常食用的食物种类、烹饪方式相差不大，故而经饮食暴露量在各地区的不同工种中差别不大。

表 5-6　典型行业职业工人与周边居民经饮食暴露量

	铸造厂	垃圾焚烧厂
一线工人	103	68
暴露量/{fg TEQ/[kg(体重)·d]}	64.53（48.50～87.41）	81.14（45.60～183.94）
辅助工人	112	116
暴露量/{fg TEQ/[kg(体重)·d]}	65.03（52.37～82.89）	86.03（20.54～153.37）
周边居民	59	82
暴露量/{fg TEQ/[kg(体重)·d]}	63.61（47.44～87.29）	71.61（61.38～167.91）

根据前人报道的各地区经饮食暴露 PCDD/Fs 结果，比利时西部的弗兰德环境与健康中心显示当地人群经饮食暴露 PCDD/Fs 的 TEQ 为 1.96 pg CALUX TEQ/[kg（体重）·d]，西班牙的加泰罗尼亚地区人群经饮食暴露 PCDD/Fs 的 TEQ 为 59.6 pg TEQ/[kg(体重)·d]（2002 年），27.8 pg TEQ/[kg（体重）·d]（2006 年），33.1 pg TEQ/[kg（体重）·d]（2012 年）。中国台州地区存在众多电子垃圾拆解工业，研究结果显示居民暴露 PCDD/Fs 的量为 6.67 pg TEQ/[kg（体重）·d]，而暴露源相似的贵屿地区居民暴露量为 4.55 pg TEQ/[kg（体重）·d]，对照杭州地区居民暴露 PCDD/Fs 的量为 0.88 pg TEQ/[kg（体重）·d]。与以往研究相比，各典型行业居民区经饮食暴露量与杭州地区居民饮食暴露量相仿。

5.5　结论及建议

以样品湿重计算的样品中二噁英含量进行比较得出：神农架地区（对照区）不同种类食品中二噁英含量最高的为鸡肉，其他依次为水产、鸡蛋、牛肉、牛奶、蔬菜、猪肉；钢铁铸造厂所在地区（钢铁铸造厂周边）不同种类食品中二噁英含量最高的为水产，其他依次为牛肉、鸡肉、鸡蛋、猪肉、牛奶、蔬菜；垃圾焚烧厂所在地区（垃圾焚烧厂周边）不同种类食品中二噁英含量最高的为鸡肉，其他依次为猪肉、牛奶、蔬菜、水产、鸭肉、鸡蛋；氯化工厂所在地区（氯化工厂周边）不同种类食品中二噁英含量最高的为牛肉，其他依次为羊肉、牛奶、水产、蔬菜、鸡肉、鸡蛋、猪肉。总而言之，蔬菜中二噁英的含量低于动物源性食品中二噁英的含量，但神农架地区、垃圾焚烧厂所在地区、氯化工厂所在地区蔬菜样品中二噁英含量高于部分动物源性食品中二噁英的含量，但神农架地区、氯化工厂所在地区转换为毒性当量后低于动物源性食品；仅垃圾焚烧厂所在地区的蔬菜样品中二噁英的毒性当量高于水产中的含量。

各地区猪肉、牛奶、蔬菜样品中二噁英的含量从高到低依次为垃圾焚烧厂所在地区、氯化工厂所在地区、钢铁铸造厂所在地区、神农架地区；牛肉样品中二噁英的含量从高到低依次为氯化工厂所在地区、钢铁铸造厂所在地区、神农架地区；鸡肉样品中二噁英的含量从高到低依次为垃圾焚烧厂所在地区、钢铁铸造厂所在地区、神农架地区、氯化工厂所在地区；水产样品中二噁英的含量从高到低依次为钢铁铸造厂所在地区、垃圾焚烧厂所在地区、氯化工厂所在地区、神农架地区；鸡蛋样品中二噁英的含量从高到低依次为垃圾焚烧厂所在地区、钢铁铸造厂所在地区、氯化工厂所在地区、神农架地区。由此可以看出，垃圾焚烧厂所在地区的样品含量会较高，但是钢铁铸造厂所在地区鱼类样品又比其他种类食品的二噁英含量高。总而言之，氯化工厂所在地区、垃圾焚烧厂所在地区和钢铁铸造厂所在地区二噁英的含量普遍高于神农架地区食品中二噁英的含量。

为有效评价不同二噁英类化合物的毒性，WHO 规定了具有类似毒理学作用的多种二噁英类化合物的 TEF，以 TEQ 评价 PCDD/Fs 污染水平。在同一地区不同种类食物中 PCDD/Fs 的 TEQ 值也不一样，神农架牛肉、水产和鸡肉样品中 TEQ 值较高，牛奶、鸡蛋、猪肉和蔬菜的 TEQ 值较低；钢铁铸造厂所在地区样品中，水产类样品二噁英的 TEQ 值最高，其次是鸡蛋、牛奶、猪肉、牛肉和猪肉样品，蔬菜样品的 TEQ 值最低；垃圾焚烧厂所在地区的鸡肉样品中 TEQ 值最高，牛奶、鸡蛋、猪肉中 TEQ 值也较高，水产和蔬菜样品的 TEQ 值是最低的；氯化工厂所在地区样品中，牛肉 TEQ 值最高并较其他样品高出 10 倍，其次是牛奶样品，其他种类的样品 TEQ 值均较低，尤其是蔬菜样品 TEQ 值最低。总而言之，在猪肉、牛肉、鸡肉、牛奶、鸡蛋、水产及蔬菜这七类食品样品中，蔬菜样品 TEQ 值最低，与以往的研究也是相似的，动物性食品中的污染水平会明显高于植物性食品，这与 PCDD/Fs 的性质是相关的，PCDD/Fs 是脂溶性的，且随着生物链蓄积，越是处于食物链的顶端，PCDD/Fs 的蓄积就越大。

在猪肉样品，垃圾焚烧厂所在地区＞氯化工厂所在地区＞钢铁铸造厂所在地区＞神农架地区；鸡肉和鸡蛋样品中，垃圾焚烧厂所在地区＞钢铁铸造厂所在地区＞氯化工厂所在地区或神农架地区；牛奶样品中，氯化工厂所在地区＞钢铁铸造厂所在地区＞垃圾焚烧厂所在地区＞神农架地区；水产样品中，钢铁铸造厂所在地区＞氯化工厂所在地区＞垃圾焚烧厂所在地区＞神农架地区；蔬菜样品中，垃圾焚烧厂所在地区＞氯化工厂所在地区＞钢铁铸造厂所在地区或神农架地区；牛肉样品中，氯化工厂所在地区氯化工厂周边采集的牛肉样品中 PCDD/Fs 的 TEQ 值为 0.3181 pg TEQ/g 湿重，会远高于钢铁铸造厂所在地区和神农架地区样本中 TEQ 值，同时，它也是所有样品中 TEQ 值最高的，其次垃圾焚烧厂所在地区的垃圾焚烧厂周边的鸡鸭肉也较高，为 0.058 8 pg TEQ/g 湿重和 0.060 2 pg TEQ/g 湿重，氯化工厂所在地区的氯化工厂周边采集的羊肉样品也较高，为 0.048 3 pg TEQ/g 湿重。因此，在这四个地区中，垃圾焚烧厂所在地区、氯化工厂所在地区和钢铁铸造厂所在地区食品样品中 17 种 PCDD/Fs 的 TEQ 值会显著高于神农架地区，这与样品采集地存在典型二噁英污染来源是密切相关的。

OCDD 是主要的污染物，也是污染水平最高的污染物，平均含量值为 0.75 pg/g 湿重，远高于其他组分；其次是 1,2,3,4,6,7,8-HpCDD，平均含量值为 0.07 pg/g 湿重。钢铁铸造厂所在地区、氯化工厂所在地区、垃圾焚烧厂所在地区和神农架林区这四个地区食品样品中 PCDD/Fs 的组成比类似，另外，除了牛奶样品外，不同样品类别之间 PCDD/Fs 的组成比也相似，如猪肉、鸡肉、水产之间，表明，牛奶样品的污染来源和其他食品样品的污染来源是不一样的，这可能与牛奶样品的流通性好有关。

不同地区食物中二噁英类化合物的含量存在明显差异，存在二噁英工业排放源的地区，食物已受到二噁英一定程度的污染，位于该地区的研究人群会增加二噁英的摄入负荷。其中摄入量的大小分布为氯化工厂所在地区＞垃圾焚烧厂所在地区＞钢铁铸造厂所在地区＞神农架地区清洁对照。

参考文献

[1] US，E.，Exposure and Human Health Reassessment of 2,3,7,8-Tetrachlorodibenzo-p-Dioxin（TCDD）and Related Compounds. EPA/600/P-001C Review Draft；EPA，Office of Research and Development，National Center for Environmental Assessment，2003.

[2] 龚艳，沈菁，樊铭勇，等. 利用树皮作为生物指示物监测大气中的二噁英[J]. 公共卫生与预防医学，2010，21（4）：8-10.

[3] Arisawa，K.，H. Takeda and H. Mikasa，Background exposure to PCDDs/PCDFs/PCBs and its potential health effects：a review of epidemiologic studies. The Journal of Medical Investigation，2005. 52（1-2）：10-21.

[4] Kogevinas，M.，Human health effects of dioxins：cancer，reproductive and endocrine system effects. Apmis，2001. 109（S103）：S223-S232.

[5] Pavuk，M.，et al.，Serum 2,3,7,8-tetrachlorodibenzo-p-dioxin（TCDD）levels and thyroid function in Air Force veterans of the Vietnam War. Annals of epidemiology，2003. 13（5）：335-343.

[6] JECFA. Evaluation of Certain Food Additives and Contaminants. Fifity-seventh Report of the Joint FAO/WHO Expert Committee on Food Additives. WHO Technical Report Series 909，2001，139-146.

[7]　Tsutsumi，T.，et al.，Update of daily intake of PCDDs，PCDFs，and dioxin-like PCBs from food in Japan. Chemosphere，2001. 45（8）：1129-1137.

[8]　Baars，A.J.，et al.，Dioxins，dioxin-like PCBs and non-dioxin-like PCBs in foodstuffs：occurrence and dietary intake in The Netherlands. Toxicology letters，2004. 151（1）：51-61.

[9]　Evans，R.G.，et al.，Dioxin incinerator emissions exposure study Times Beach，Missouri. Chemosphere，2000. 40（9）：1063-1074.

[10]　Chan，J.K.Y. and M.H. Wong，A review of environmental fate，body burdens，and human health risk assessment of PCDD/Fsat two typical electronic waste recycling sites in China. Science of the Total Environment，2013. 463：1111-1123.

[11]　Arisawa，K.，H. Takeda and H. Mikasa，Background exposure to PCDDs/PCDFs/PCBs and its potential health effects：a review of epidemiologic studies. The Journal of Medical Investigation，2005. 52（1-2）：10-21.

[12]　European，C.，Commission Regulation（EC）No. 1881/2006 of 19 December 2006 setting maximum levels for certain contaminants in foodstuffs. Off. J. Eur. Union，2006. 364：5-24.

[13]　陈佳，陈彤，王奇，等. 中国危险废物和医疗废物焚烧处置行业二噁英排放水平研究[J]. 环境科学学报，2014，34（4）：973-979.

[14]　中国人民共和国国家卫生和计划生育委员会.GB 5009.205—2013 食品安全国家标准食品中二噁英及其类似物毒性当量的测定.

[15]　张磊，刘印平，李敬光，等. 2007 年北京市居民母乳中二噁英类化合物负荷水平调查[J]. 中华预防医学杂志，2013，47（6）.

[16]　董姝君，刘国瑞，朱青青，等. 中国典型污染区域居民二噁英类膳食暴露研究进展[J]. 科学通报，2016（12）.

[17]　European，C.，Commission Regulation（EU）No. 1259/2011 of 2 December 2011 amending Regulation（EC）No. 1881/2006 as regards maximum levels for dioxins，dioxin-like PCBs and non dioxin-like PCBs in foodstuffs. Off. J. Eur. Union，2011. 50：18-23.

[18]　张磊. 我国居民二噁英类物质膳食暴露及机体负荷研究[D]. 中国疾病预防控制中心，2014.

6 典型行业工人、周边居民和对照者 PCDD/Fs 外暴露水平的对比分析

6.1 典型行业工人、周边居民和对照者的选择

6.1.1 铸造行业及周边居民研究对象的选择

通过查阅既往职业史和既往研究基础，选择某金属铸造厂一线工人，入选条件：在该厂工作 3 年以上且在一线工作岗位工作，自愿参加本项目，签署知情同意书。选择铸造厂一线工人、辅助及行政人员 216 人。

选择铸造厂附近的无职业 PCDD/Fs 暴露的居民，入选条件：既往未从事铸造、焚烧、氯化工、农药等可能接触 PCDD/Fs 职业的中青年，住址远离钢铁铸造厂 3 km 之外，自愿参加且签署知情同意书。选择周边居民 101 人。

6.1.2 垃圾焚烧行业及周边研究对象的选择

选择某市某垃圾焚烧厂 A 所有工人，入选条件：在该厂工作 3 年以上，自愿参加且签署知情同意书，一线工人，辅助工人及行政人员，共计 82 人。

选择该市某垃圾焚烧厂 B 所有工人，入选条件：在该厂工作 3 年以上，自愿参加且签署知情同意书，包括一线工人、辅助工人以及行政人员，共计 92 人。本研究共选取两个垃圾焚烧厂的全部工人为研究对象，共计 174 人。

选择垃圾焚烧厂附近的无职业性 PCDD/Fs 暴露的居民，入选条件：既往未从事铸造、焚烧、氯化工、农药等可能接触 PCDD/Fs 职业的中青年，住址远离垃圾焚烧厂 5 km 之外，自愿参加且签署知情同意书，选择周边居民 74 人。

6.1.3 氯化工行业研究对象的选择

选择某市某氯化工厂可能接触 PCDD/Fs 作业的工人，自愿参加且签署知情同意书，选择职业工人 84 人。

选择氯化工厂 3 km 以外，且满足氯化工厂周边居民入选条件的中青年，自愿参加且签署知情同意书，选择周边居民 212 人。

6.1.4 清洁对照区研究对象的选择

选择清洁区神农架林区水力发电厂工人为对照。入选条件，既往未从事过铸造、垃圾焚烧、氯化工、农药等可能接触 PCDD/Fs 的工作。自愿参加且签署知情同意书，共 123 人。

排除问卷、体检信息和血样尿样不全者，最后合计入选符合研究条件的研究对象共 984 人。

6.2 典型行业人群研究对象和对照人群的基本特征

每名研究对象均知晓本研究的意义并签署了知情同意书。由经过专业培训的调查员使用统一设计的半结构化问卷，采取一对一、面对面的问答形式进行资料收集。通过问卷表收集所有研究对象信息，包括：①个人基本信息，出生时间、出生地、民族、婚姻和受教育情况；②生活习惯：吸烟、饮酒、居住环境、使用的燃料和取暖燃料等，其中吸烟者定义为每天吸烟一支及以上，连续或累计 6 个月以上的个体，采用吸烟包年数（每日吸烟支数÷20×总吸烟年数）来评估吸烟剂量；③既往疾病和家族疾病史信息；④饮食信息，包括每天主食、肉、蛋、奶、水产类、蔬菜、水果的食用量；⑤职业史，包括自开始工作以来的工作经历情况，经历的工种和起止时间。调查员均有本科以上学历，调查前接受统一的培训。

汇总调查问卷中的数据，去除无效或不符合逻辑的数据后，研究人群的基本特征如表 6-1 所示。选择铸造厂 216 人，男性居多，年龄均值为 42.88 岁；文化程度中高中或中专学历居多；吸烟情况分布中，现在吸烟 101 人，已戒烟者 16，从不吸烟人数为 98 人。

选取铸造厂周边人群 101 人，男性居多，该人群年龄的平均值为 42.76 岁。文化程度以高中或中专为主；吸烟情况为 42 人吸烟。

选择两个垃圾焚烧厂全部职工，总人数 174 人，其中男性居多。该人群平均年龄为 31.14 岁。文化程度以大专及以上为主。吸烟情况分布中，吸烟、戒烟和不吸烟者依次为 62 人、9 人、103 人。

选取垃圾焚烧厂周边人群 74 人，其中男性 50 人。年龄的平均值为 34.45 岁。文化程度以大专及以上为主。吸烟情况为 11 人吸烟，60 人从不吸烟，9 人已戒烟。

选取氯化工 84 人，其中男性 77 人，年龄的平均值为 45.29 岁。文化程度以高中或中专以下为主。吸烟情况为 51 人吸烟，30 人从不吸烟。

选取氯化工厂周边人群 212 人，其中男性 86 人，年龄的平均值为 62.99 岁。文化程度以高中或中专学历以下为主。吸烟情况为 60 人吸烟，136 人从不吸烟。

选取清洁对照区人群 123 人，其中男性 52 人。该人群的平均年龄为 43.68 岁。文化程度以初中高中为主。吸烟情况为 31 人吸烟，91 人从不吸烟。

表 6-1 研究区域人群的基本信息

	变量	铸造厂	铸造厂周边	垃圾焚烧厂	垃圾焚烧厂周边	氯化工厂	氯化工厂周边	清洁区
	人数/人	216	101	174	74	84	212	123
	性别/男 人(%)	159（73.95）	73（72.28）	134（77.01）	50（67.57）	77（91.67）	86（40.57）	52（42.28）
	年龄/岁	42.88±6.02	42.76±6.14	31.14±8.84	34.45±5.73	45.29±11.59	62.99±10.25	43.68±6.87
婚姻状况	未婚/人（%）	4（1.9%）	5（4.95%）	75（43.10%）	16（21.62%）	6（7.14%）	4（1.89%）	6（4.88%）
	已婚/人（%）	203（94.42%）	92（91.09%）	98（56.32%）	57（77.03%）	75（89.29%）	182（85.85%）	105（85.37%）
	丧偶/人（%）	0（0.00%）	1（0.99%）	0（0.00%）	0（0.00%）	1（1.19%）	25（11.79%）	0（0.00%）
	离异/人（%）	7（3.26%）	3（2.97%）	1（0.57%）	1（1.35%）	2（2.38%）	1（0.47%）	3（2.44%）
	再婚/人（%）	1（0.47%）	0（0.00%）	0（0.00%）	0（0.00%）	0（0.00%）	0（0.00%）	1（0.81%）
文化程度	小学/人（%）	0（0.00%）	2（2.4%）	3（1.73%）	0（0.00%）	12（16.22%）	97（46.63%）	5（4.07%）
	初中/人（%）	32（15.0%）	22（21.4%）	8（4.10%）	0（0.00%）	29（39.19%）	75（33.65%）	47（38.21%）
	高中/人（%）	148（70.0%）	54（53.6%）	45（26.01%）	7（9.46%）	26（35.14%）	37（17.79%）	47（38.21%）
	大学及以上/人（%）	32（15.0%）	23（22.6%）	117（67.63%）	67（90.54%）	7（9.46%）	3（1.44%）	24（19.51%）
吸烟情况	现在吸烟/人（%）	101（46.98%）	42（41.58%）	62（35.63%）	11（14.86%）	51（60.71%）	60（28.30%）	31（25.20%）
	戒烟/人（%）	16（7.44%）	9（8.91%）	9（5.17%）	3（4.05%）	3（3.57%）	16（7.55%）	1（0.81%）
	从不吸烟/人（%）	98（45.58%）	50（49.50%）	103（59.20%）	60（81.08%）	30（35.71%）	136（64.15%）	91（73.98%）
饮酒情况	现在饮酒/人（%）	99（46.05%）	44（43.56%）	59（33.91%）	35（47.30%）	42（50.00%）	34（16.04%）	40（32.52%）
	戒酒/人（%）	7（3.26%）	2（1.98%）	6（3.45%）	1（1.35%）	1（1.19%）	6（2.83%）	6（4.88%）
	从不喝酒/人（%）	109（50.70%）	55（54.46%）	109（62.64%）	38（51.35%）	41（48.81%）	172（81.13%）	77（62.60%）

6.3   典型行业研究对象和对照人群的体质和健康状况

组织选择典型行业的研究对象、周边居民和清洁区对照参加健康体检，医疗检查项目委托当地有资质的医院进行，检查项目保持一致。体检前日被检查者限高脂高蛋白饮食，避免使用对肝、肾功能有影响的药物，不食用夜宵，保证良好睡眠。体检当日早晨应禁食、禁水，憋尿。体检时，先抽血，留取尿样，然后进行各项检查，主要测定指标包括：①一般体格情况：身高、体重、腰围、臀围；②呼吸系统：呼吸系统听诊、肺功能测定；③心血管系统：心率、血压、心电图或心率变异；④神经系统：肌反射、腱反射、嗅觉、皮肤触觉；⑤皮肤检查：皮肤颜色、弹性、光泽，是否存在瘢痕及其他改变；⑥外科检查：发育、营养、体态、面容等。实验室检查包括：血常规、尿常规、血糖、血脂、肝功能。

研究人群的基本健康状况结果如表 6-2 所示。有些地区少数体检项目未测。

6.4   典型行业研究对象和对照人群的外暴露水平

6.4.1   外暴露评估公式

累计各种途径暴露 PCDD/Fs 的量，即为二噁英类化合物的外暴露量。采用的模型有累加经呼吸暴露的 PCDD/Fs 含量，经饮食摄入的 PCDD/Fs 含量，经皮肤接触暴露的 PCDD/Fs 含量以及其他暴露途径。由于经皮肤接触 PCDD/Fs 暴露量的含量极低，本研究选择累加经呼吸暴露 PCDD/Fs 的量和经饮食摄入 PCDD/Fs 的量。

$$O=\text{Inh}+E \tag{6-1}$$

式中，O 为研究对象 PCDD/Fs 的外暴露量，fg TEQ/[kg（体重）·d]；Inh 为研究对象经呼吸暴露 PCDD/Fs 的量，fg TEQ/[kg（体重）·d]；E 为研究对象经饮食暴露 PCDD/Fs 的量，fg TEQ/[kg（体重）·d]。

表 6-2　研究区域人群的基本信息

变量	铸造厂	铸造厂周边	垃圾焚烧厂	垃圾焚烧厂周边	氯化工厂	氯化工厂周边	清洁区
人数/人	216	101	174	74	84	212	123
身高/cm	167.57±7.26	168.22±8.22	168.32±7.11	164.92±6.70	171.36±6.10	164.19±7.88	162.66±8.28
体重/kg	66.27±10.79	66.77±12.14	64.49±11.02	63.77±6.61	74.04±11.50	68.08±12.01	61.87±10.56
腰围/mm	861.10±120.37	863.03±125.29	791.91±111.48	787.83±76.48	910.55±99.66	915.99±9.73	797.31±92.37
臀围/mm	960.41±80.44	970.80±53.90	956.42±120.25	931.83±40.40	1012.33±63.67	1015.65±82.28	953.31±60.28
舒张压/mmHg	81.91±11.39	84.30±10.77	72.78±11.69	77.03±17.58	82.36±12.20	—	80.70±10.82
收缩压/mmHg	124.05±17.08	127.59±17.07	117.76±14.18	129.86±21.94	124.63±19.88	—	113.03±12.03
用力肺活量/L	3.00±0.70	2.94±1.02	3.44±0.89	3.51±0.73	2.99±0.89	—	3.42±0.91
用力肺活量/%	82.26±15.35	81.15±29.90	88.50±18.19	91.24±12.36	96.48±41.67	—	96.20±18.76
BMI	23.51±2.96	23.53±3.82	22.71±3.31	23.02±2.67	25.40±3.46	25.50±4.42	24.90±2.88
白细胞/10^9/L	6.02±1.53	6.04±1.47	6.47±2.07	5.32±1.11	6.00±1.50	5.87±1.67	4.84±1.16
红细胞/10^{12}/L	4.69±0.45	4.82±0.47	4.83±0.75	5.05±0.49	4.79±0.37	4.60±0.50	4.63±0.45
血红蛋白 g/L	143.76±12.32	150.44±15.09	144.73±13.72	149.00±13.50	148.88±11.97	131.76±18.79	101.99±13.09
血小板/10^9/L	216.87±48.88	215.79±57.08	224.65±54.40	—	216.88±54.99	209.38±58.17	192.44±69.20
谷丙转氨酶 U/L	26.26±13.02	27.70±26.24	24.65±20.88	28.70±14.06	23.03±11.37	19.25±13.21	22.84±11.19
谷草转氨酶 U/L	20.55±6.75	24.91±10.01	21.66±8.86	—	24.05±7.64	19.30±12.04	20.68±7.33
血糖/(mmol/L)	5.52±1.38	5.65±1.65	4.93±0.72	4.37±0.62	—	—	5.18±0.76
胆固醇/(mmol/L)	4.69±0.76	4.82±0.84	4.23±0.77	—	5.28±0.93	5.13±0.84	4.95±0.89
甘油三酯/(mmol/L)	1.70±1.17	1.54±0.92	1.36±0.86	1.24±0.82	1.47±0.86	1.31±0.66	1.30±0.56
尿肌酐/(mmol/L)	13.74±7.56	14.20±8.20	13.81±6.25	14.57±7.02	—	—	17.91±10.30
平均微核率/‰	3.31±1.87	3.12±2.12	3.42±2.03	3.18±1.68	6.16±3.89	7.58±2.91	3.01±2.20

6.4.2　典型行业从业劳动者的 PCDD/Fs 外暴露水平

经呼吸暴露和经饮食暴露二噁英类化合物的量在前文中已通过公式求得,二噁英类化合物在各行业中的分布如表 6-3 所示:铸造厂职业工人经外暴露总量为 116.76(80.76～219.78)fg TEQ/[kg(体重)·d],铸造厂周边居民外暴露总量为 97.43(65.79～161.98)fg TEQ/[kg(体重)·d],垃圾焚烧厂职业工人经外暴露的量为 340.07(134.15～1 179.75)fg TEQ/[kg(体重)·d],垃圾焚烧厂周边居民经外暴露量为 117.36(103.40～263.96)fg TEQ/[kg(体重)·d],氯化工外暴露量为 11 213.64(7 472.48～21 810.35)fg TEQ/[kg(体重)·d],氯化工周边居民暴露量为 229.15(174.40～298.27)fg TEQ/[kg(体重)·d]。清洁对照区居民外暴露量为 42.79(31.41～57.71)fg TEQ/[kg(体重)·d]。从结果可以看出,氯化工行业、垃圾焚烧行业、铸造行业等典型行业的暴露均高于清洁对照区居民的暴露量。

表 6-3　典型行业人群外暴露 PCDD/Fs 含量

		人数/人	外暴露量/ {fg TEQ/[kg(体重)·d]}	P 值
区域	铸造厂	216	127.01(89.14～227.90)	<0.01
	铸造厂周边	101	97.43(65.79～161.98)	
	垃圾焚烧厂	174	340.07(134.15～1179.75)	
	垃圾焚烧厂周边	82	117.36(103.40～263.96)	
	氯化工厂	84	11213.64(7472.48～21810.35)	
	氯化工厂周边	212	229.15(174.40～298.27)	
	清洁区	123	42.79(31.41～57.71)	
性别	男	620	163.90(38.33～673.07)	0.04
	女	357	159.08(42.29～408.91)	
年龄	<36	529	223.54(71.45～747.61)	0.003
	36～43	219	88.14(38.33～340.73)	
	≥43	249	76.13(34.30～251.80)	
BMI	<24	593	153.00(45.07～652.36)	0.58
	≥24	399	170.67(36.20～340.73)	

外暴露量在男性群体中为 163.90(38.33～673.07)fg TEQ/[kg(体重)·d],女性人群为 159.08(42.29～408.91)fg TEQ/[kg(体重)·d],男性高于女性,差异有统计学意义。小于 36 岁年龄组暴露量为 223.54(71.45～747.61)fg TEQ/[kg(体重)·d],36～43 年龄组暴露量为 88.14(34.30～251.80)fg TEQ/[kg(体重)·d],大于或等于 43 岁年龄组暴露量为 76.13(34.30～251.80)fg TEQ/[kg(体重)·d],差异有统计学意义,但其中可能的原因在于一线工人大多为年龄较小人群,年龄较大人群往往会调离一线车间,或者做行政。外暴露量在 BMI 分组中差异没有统计学意义,BMI 正常者的暴露量为 153.00

（45.07～652.36）fg TEQ/[kg（体重）·d]，肥胖或者超重组的暴露量为 170.67（36.20～340.73）fg TEQ/[kg（体重）·d]kg 体重·d，差异没有统计学意义。

6.4.3　讨论

从上述结果来看，各典型行业职业工人的外暴露量均高于周边居民外暴露量，高于清洁对照区暴露量。

从外暴露组成比例上来看，铸造厂工人外暴露中经呼吸暴露量贡献的比值为 42.15%，铸造厂周边居民经呼吸暴露占外暴露的比例为 33.85%，垃圾焚烧职业工人经呼吸暴露量的贡献比率为 68.32%，垃圾焚烧厂周边居民经呼吸暴露量的比例为 38.98%，氯化工职业工人经呼吸暴露占外暴露量的 44.14%，氯化工厂周边居民经呼吸暴露占外暴露量的 45.00%，清洁对照区居民经呼吸暴露量占外暴露量的 2.06%。本研究人群中呼吸摄入 PCDD/Fs 占外暴露量的 0.94%～65.09%与 Chan 等[1]报道的 12%～30%相类似。本研究人群中除清洁对照区居民外，三个典型行业职业工人和周边居民的经呼吸暴露比例均超过美国 CDC 等报道的呼吸比例小于 2%这一数值。其中可能的原因在于本研究对象生活工作均暴露在相对较高浓度的 PCDD/Fs 环境中，并且职业工人的高强度体力活动导致肺通气量增加，从而造成职业工人经呼吸暴露 PCDD/Fs 的量增加，从而造成所占比例升高。

本研究中三个典型行业人群的外暴露量不同，氯化工行业＞垃圾焚烧行业＞铸造行业＞清洁对照区。与世界卫生组织（WHO）[2]颁布的人体每日可耐受摄入量 1～4pg TEQ/[kg（体重）·d]相比，本研究中垃圾焚烧厂职业工人外暴露量有达到 1 179.75 fg TEQ/[kg（体重）·d]，而氯化工人的外暴露量已超过 4 pg TEQ/[kg（体重）·d]，最大值已达 20 172.42 fg TEQ/[kg（体重）·d]，说明部分职业工人已承受着二噁英带来的健康风险要引起重视。尽管未超出推荐值，但由于二噁英化合物对人体的致癌、致畸、致突变等慢性危害，有关部门应加强该地区的环境监测，并通过有效手段控制其二噁英的排放。在实际采样过程中，发现部分工人出现了氯痤疮的病变，已警示我们，尽快出台相关政策法令保护劳动者的职业健康刻不容缓。

6.5　研究结论与建议

综上所述，汇总三个典型行业和清洁对照区人群的 PCDD/Fs 通过环境空气和食物的外暴露量，结果显示外暴露水平存在很大差异。三个典型行业劳动者的 PCDD/Fs 外暴露量明显高于周边居民，后者又明显高于清洁对照区。PCDD/Fs 的空气和食物的总外暴露在三个典型行业和对照清洁区呈现：氯化工行业＞垃圾焚烧行业＞铸造行业＞清洁对照区，特别地，本项目研究发现，氯化工行业工人和垃圾焚烧工人外暴露量已超出 WHO 提出的最大可耐受限值，需引起高度警惕。

参考文献

[1]   Chan J K Y, Wong M H. A review of environmental fate, body burdens, and human health risk assessment of PCDD/Fs at two typical electronic waste recycling sites in China[J]. Science of The Total Environment. 2013, 463-464: 1111-1123.

[2]   Consultation W. Assessment of the Health Risk of Dioxins: Reevaluation of the Tolerable Daily Intake TDI[J]. 1998: 25-29.

7 典型行业人群 PCDD/Fs 内外暴露的关系

7.1 典型行业工人、周边居民和对照组的基本情况

由于血清中 PCDD/Fs 测定工作内容烦琐，且所需血清量较多，故本研究选取了铸造厂工人 84 人，铸造厂周边居民 50 人，垃圾焚烧厂工人 126 人，垃圾焚烧厂周边居民 76 人，氯化厂工人 45 人，氯化厂周边居民 55 人，清洁对照区居民 59 人，共计 495 人。根据预实验的结果由于清洁对照区居民血清 2 ml 单样测定结果均低于检出限，铸造厂和垃圾焚烧厂对象血清 2 ml 单样测定结果部分低于检出限。因此，本研究测定血清中 PCDD/Fs 含量均采用混样。混样的原则为性别相同，年龄相差不超过 3 岁。

各典型行业人群血清中 PCDD/Fs 含量及基本情况见表 7-1。由于垃圾焚烧厂周边居民血清中 PCDD/Fs 含量测定工作正在进行中，故本结果展示了其他区域人群的情况。

7.2 典型行业工人、周边居民和对照组人群的内外暴露结果汇总

铸造厂职业工人经呼吸暴露量为 52.38（27.34～150.02）fg TEQ/[kg（体重）·d]；经饮食暴露量为 62.98（49.63～83.58）fg TEQ/[kg（体重）·d]；估算 PCDD/Fs 外暴露总量为 121.79（80.76～210.23）fg TEQ/[kg（体重）·d]；该组工人血清中 PCDD/Fs 含量 8.75（2.91～24.13）fg TEQ/[kg（体重）·d]。

铸造厂周边居民经呼吸暴露量为 31.55（8.16～92.77）fg TEQ/[kg（体重）·d]；经饮食暴露量为 63.47（46.50～86.22）fg TEQ/[kg（体重）·d]；估算 PCDD/Fs 外暴露总量为 98.40（66.00～155.48）fg TEQ/[kg（体重）·d]；血清中 PCDD/Fs 含量为 6.72（3.97～11.40）pg TEQ/[kg（体重）·d]。

垃圾焚烧厂职业工人经呼吸暴露量为 226.32（77.38～1 081.53）fg TEQ/[kg（体重）·d]；经饮食暴露量为 94.03（54.39～167.91）fg TEQ/[kg（体重）·d]；PCDD/Fs 外暴露总量为 319.16（135.05～1 179.75）fg TEQ/[kg（体重）·d]；血清中 PCDD/Fs 含量 13.12（7.80～19.81）pg TEQ/[kg（体重）·d]。

表 7-1　研究区域人群的基本信息

变量	铸造厂	铸造厂周边	垃圾焚烧厂	氯化工厂	氯化工厂周边	清洁区
人数/人	84	50	126	45	55	59
性别（男）	52（61.90%）	37（74.00%）	106（84.13%）	45（100.00%）	55（100.00%）	39（66.10%）
年龄/岁	42.83±5.43	43.74±5.87	30.37±7.08	48.88±10.55	64.21±7.43	42.67±6.23
BMI/（kg/m²）	24.19±2.77	23.83±2.93	22.49±3.02	25.06±3.67	25.07±3.60	23.34±2.95
血清含量/（pg TEQ/g 脂肪）	8.75（2.91~24.13）	6.72（3.97~11.40）	13.12（7.80~19.81）	63.14（10.87~2 903.57）	26.19（13.39~79.09）	4.44（2.16~12.04）
呼吸暴露量/{fg TEQ/[kg（体重）·d]}	52.38（27.34~150.02）	31.55（8.16~92.77）	226.32（77.38~1 081.53）	12 260.25（7 542.07~25 076.00）	105.04（75.65~144.75）	0.90（0.31~1.30）
饮食暴露量/{fg TEQ/[kg（体重）·d]}	62.98（49.63~83.58）	63.47（46.50~86.22）	94.03（54.39~167.91）	126.70（90.92~162.20）	119.59（93.02~152.21）	40.09（30.12~53.03）
外暴露合计/{fg TEQ/[kg（体重）·d]}	121.79（80.76~210.23）	98.40（66.00~155.48）	319.16（135.05~1 179.75）	12 378.77（7 636.12~25 215.53）	217.35（178.96~276.57）	41.05（30.85~53.52）

氯化工人经呼吸暴露量为 12 260.25（7 542.07～25 076.00）fg TEQ/[kg（体重）·d]；经饮食暴露量为 126.70（90.92～162.20）fg TEQ/[kg（体重）·d]；PCDD/Fs 外暴露总量为 12 378.77（7 636.12～25 215.53）fg TEQ/[kg（体重）·d]；血清中 PCDD/Fs 含量 63.14（10.87～2 903.57）pg TEQ/[kg（体重）·d]。

氯化工周边居民经呼吸暴露量为 105.04（75.65～144.75）fg TEQ/[kg（体重）·d]；经饮食暴露量为 119.59（93.02～152.21）fg TEQ/[kg（体重）·d]；PCDD/Fs 外暴露总量为 217.35（178.96～276.57）fg TEQ/[kg（体重）·d]；血清中 PCDD/Fs 含量 26.19（13.39～79.09）pg TEQ/[kg（体重）·d]。

清洁对照区居民经呼吸暴露量为 0.90（0.31～1.30）fg TEQ/[kg（体重）·d]；经饮食暴露量为 40.09（30.12～53.03）fg TEQ/[kg（体重）·d]；PCDD/Fs 外暴露总量为 41.05（30.85～53.52）fg TEQ/[kg（体重）·d]；血清中 PCDD/Fs 含量 4.44（2.16～12.04）pg TEQ/[kg（体重）·d]。

根据以上结果显示，各地区典型行业职业工人和周边居民的 PCDD/Fs 外暴露量和血清中含量均有差异，从不同行业地区来看，氯化工行业人群的 PCDD/Fs 外暴露量和血清含量水平较高，垃圾焚烧行业人群中 PCDD/Fs 内外暴露水平次之，铸造行业人群中 PCDD/Fs 内外暴露水平较低，最低的是清洁区居民暴露 PCDD/Fs 的含量。其可能的原因就在于本地区的 PCDD/Fs 污染源经各种途径排放到环境空气，沉降入土壤和水环境中，从而进入食物链，在人体内蓄积，从而影响人体血清中 PCDD/Fs 的含量。从距离暴露源距离来看，均表现出周边居民内外暴露水平低于职业工人。其可能的原因在于 PCDD/Fs 等环境污染物在环境介质（空气、土壤、水等）中的分布随距离而递减的趋势。

7.3　典型行业工人、周边居民和对照组 PCDD/Fs 内外暴露的关系探讨

为探究研究对象外暴露 PCDD/Fs 和其血中 PCDD/Fs 的关系，并分析可能影响血中 PCDD/Fs 含量的相关因素。将外周血血清中 PCDD/Fs 含量作为因变量，以外暴露水平和可能影响 PCDD/Fs 的个人特征作为自变量纳入模型，采用多因素回归模型，建立 PCDD/Fs 内外暴露的多元线性回归方程，探讨 PCDD/Fs 内外暴露之间的可能关系。

本研究涉及 3 个典型行业，将 3 个典型行业人群纳入模型中，结果如表 7-2 所示：

$$\lg(serum) = 0.71 + 0.47 \times c + 0.01 \times Age + 0.25 \times Sex + 0.15 \times \lg(inhalation) - 0.23 \times \lg(dietary) \tag{7-1}$$

式中，serum 为血中 PCDD/Fs 的毒性当量，pg TEQ/g 脂肪；c 为分组变量；Age 为研究对象的年龄；Sex 为研究对象的性别；inhalation 为研究对象每天经呼吸暴露 PCDD/Fs 的含量，fg TEQ/[kg（体重）·d]；dietary 为研究对象每天经饮食暴露的 PCDD/Fs 的含量，fg TEQ/[kg（体重）·d]。

该公式 $R^2=0.54$，$F=75.71$，$P<0.0001$，从上述公式中，可以看出氯化工行业相较于垃

圾焚烧行业、铸造行业以及清洁对照区为危险因素；年龄也会导致人体内 PCDD/Fs 含量的升高；女性相较于男性为危险因素；年龄每增加 1，血清中 PCDD/Fs 含量的对数值增加 0.01；经呼吸暴露量的对数值每增加 1，血清中 PCDD/Fs 含量的对数值增加 0.15。

表 7-2　血清中 PCDD/Fs 含量 [a] 与相关因素的关系

变量名	β	P 值
截距	0.71（−0.71～2.13）	0.324 5
分组 [b]	0.47（0.31～0.64）	<0.000 1
性别 [b]	0.25（0.08～0.42）	0.004
年龄	0.01（0.004～0.02）	0.000 9
BMI	0.01（−0.02～0.03）	0.44
呼吸暴露 [a]	0.15（0.10～0.21）	<0.000 1
饮食暴露 [a]	−0.23（−0.54～0.07）	0.13

注：a 表示经过对数转化后的结果。b 表示分类变量，其中，分组：1. 清洁对照区，2. 铸造行业，3. 垃圾焚烧行业，4. 氯化工行业；性别：1. 男性，2. 女性。

由以上拟合公式发现暴露行业分组以及性别是影响血清中 PCDD/Fs 含量的重要因素，由于暴露行业分组是分类变量，且该分类变量是根据研究人群外暴露量的大小进行赋值，将其纳入模型可能会掩盖内外暴露量之间的真正关系，减弱经呼吸暴露量和经饮食暴露量对血清中 PCDD/Fs 含量的关联性，故将行业暴露分组变量剔除后重新拟合，按此分组纳入模型后如表 7-3 所示。

表 7-3　血清中 PCDD/Fs 含量 [a] 与相关因素的关系

变量名	β	P 值
截距	−1.13（−2.45～0.20）	0.01
性别 [b]	0.11（−0.06～0.28）	0.19
年龄	0.02（0.01～0.02）	<0.001
BMI	0.03（0.006～0.06）	0.02
呼吸暴露 [a]	0.24（0.19～0.28）	<0.001
饮食暴露 [a]	0.26（0.000 5～0.52）	0.049 6

注：a 表示经过对数转化后的结果；b 表示分类变量，其中，性别：1. 男性，2. 女性。

$$\lg(serum) = -1.13 + 0.02 \times Age + 0.03 \times BMI + 0.24 \times \lg(inhalation) + 0.26 \times \lg(dietary) \qquad (7\text{-}2)$$

式中，serum 为血清中 PCDD/Fs 的毒性当量，pg TEQ/g 脂肪；BMI 为体重指数，kg/m^2；Age 为研究对象的年龄；dietary 为研究对象每天经饮食暴露的 PCDD/Fs 的含量，fg TEQ/[kg（体重）·d]；inhalation 为研究对象每天经呼吸暴露 PCDD/Fs 的含量，fg TEQ/[kg（体重）·d]。

该公式 R^2=0.51，F=77.84，P<0.000 1，从上述公式中，可以看出年龄也会导致人体内 PCDD/Fs 含量的升高；年龄每增加 1，血清中 PCDD/Fs 含量的对数值增加 0.02；BMI每增加 1，血清中 PCDD/Fs 含量的对数值增加 0.03；经呼吸暴露量的对数值每增加 1，血清中 PCDD/Fs 含量的对数值增加 0.24；经饮食暴露量的对数值每增加 1，血清中 PCDD/Fs含量的对数值增加 0.26。经呼吸暴露量和经饮食暴露量与研究对象血清中 PCDD/Fs 含量关联性有统计学意义（P 值分别为<0.000 1 和 0.049 6）。

7.4　钢铁铸造行业工人 PCDD/Fs 内外暴露的关系

根据前述研究结果，不同行业人群中经呼吸暴露量、经饮食暴露量和血清中 PCDD/Fs含量均不同，因此本研究在不同的典型行业中，拟合 PCDD/Fs 内外暴露关系模型。钢铁铸造行业内外暴露关系模型如表 7-4 所示：血清中 PCDD/Fs 与各相关因素建立多变量线性回归模型，模型具有统计学意义（F=16.93，P<0.01），决定系数 R^2=0.33。回归方程可表述为：

$$lg（serum）= -8.08 + 1.74×lg（dietary）+ 0.13×lg（inhalation）+$$
$$0.074×BMI + 0.32×Sex \qquad (7-3)$$

式中，serum 为血清中 PCDD/Fs 的毒性当量，pg TEQ/g 脂肪；dietary 为研究对象每天经饮食暴露的 PCDD/Fs 的含量，fg TEQ/[kg（体重）•d]；inhalation 为研究对象每天经呼吸暴露 PCDD/Fs 的含量，fg TEQ/[kg（体重）•d]；BMI 为体重指数，kg/m^2。

上述公式中，可以看出，性别中女性相较于男性血清有更多的蓄积；经对数转换的饮食暴露量每增加 1，血清 PCDD/Fs 含量的对数值增加 1.74；经呼吸暴露量的对数值每增加 1，血清 PCDD/Fs 含量的对数值增加 0.13；BMI 每增加 1，血清 PCDD/Fs 量的对数值增加 0.074。

经呼吸暴露量和经饮食暴露量与研究对象血清中 PCDD/Fs 含量关联性有统计学意义（P 值分别为 0.03 和<0.01），且经饮食暴露量对数转换值的系数高于经呼吸暴露量的贡献。

表 7-4　血清中 PCDD/Fs 含量 [a] 与相关因素的关系

变量名	β	P 值
截距	−8.08（−13.48～2.68）	<0.01
性别 [b]	0.32（0.07～0.57）	0.01
BMI	0.074（0.025～0.12）	0.03
呼吸暴露 [a]	0.13（0.02～0.28）	0.03
饮食暴露 [a]	1.74（0.80～2.69）	<0.01

注：a 表示经过对数转化后的结果；b 表示分类变量，其中 1. 男性，2. 女性。

7.5　垃圾焚烧行业工人 PCDD/Fs 内外暴露水平的关系模型

垃圾焚烧行业工人 PCDD/Fs 内外暴露关系模型回归方程可表述为：

$$\lg（serum）= 0.57 + 0.22×\lg（dietary）+ 0.075×\lg（inhalation）+ \\ 0.02×BMI - 0.49×Sex - 0.017×Age \tag{7-4}$$

式中，serum 为血清中 PCDD/Fs 的毒性当量，pg TEQ/g 脂肪；dietary 为研究对象每天经饮食暴露的 PCDD/Fs 的含量，fg TEQ/[kg（体重）·d]；inhalation 为研究对象每天经呼吸暴露 PCDD/Fs 的含量，fg TEQ/[kg（体重）·d]；BMI 为体重指数，kg/m^2；Sex 为性别；Age 为年龄。

具体结果如表 7-5 所示。

表 7-5　血清中 PCDD/Fs 含量 [a] 与相关因素的关系

变量名	β	P 值
截距	0.57（−1.17～2.31）	0.52
性别 [b]	−0.49（−0.77～0.22）	0.000 5
年龄	−0.017（−0.03～0.003）	0.02
BMI	0.02（−0.01～0.06）	0.24
呼吸暴露 [a]	0.075（−0.047～0.20）	0.23
饮食暴露 [a]	0.22（−0.07～0.50）	0.14

注：a 表示经过对数转化后的结果；b 表示分类变量，其中 1. 男性，2. 女性。

根据以上结果显示，血清中 PCDD/Fs 含量水平与性别和年龄有统计学关联，与经呼吸暴露和饮食暴露的相关性没有统计学差异（$P > 0.05$）。其中本组人数为 126 人，男性工人相较于女性工人所在岗位的二噁英暴露情况均高，因此出现了女性为保护性因素的结果。另外，本研究中的垃圾焚烧厂在调查、采样、监测、体检时运营时间均超过 10 年，职业工人年龄较年轻，而年龄较长的研究对象多为公司管理层或者后勤服务人员，根据污染分布情况来看，该类对象暴露的 PCDD/Fs 均低于一线工人。因此本研究中表现出性别和年龄与血清中 PCDD/Fs 含量呈负相关关系。

7.6　氯化工行业工人 PCDD/Fs 内外暴露水平的关系模型

氯化工行业工人内外暴露关系结果如表 7-6 所示。结果显示血清中 PCDD/Fs 含量水平与经呼吸暴露水平有显著的相关性。与年龄、BMI 和经食物摄入量水平没有关联。

回归方程可表述为：

$$\lg（serum）= -25.69 + 3.50 × \lg（inhalation） \tag{7-5}$$

式中，serum 为血清中 PCDD/Fs 的毒性当量，pg TEQ/g 脂肪；inhalation 为研究对象

每天经呼吸暴露 PCDD/Fs 的含量，fg TEQ/[kg（体重）·d]。

表 7-6　血清中 PCDD/Fs 含量 [a] 与相关因素的关系

变量名	β	P 值
截距	−25.69（−69.21～17.83）	0.23
年龄	−0.015（−0.07～0.003）	0.61
BMI	0.23（−0.12～0.57）	0.19
呼吸暴露 [a]	3.50（1.74～5.26）	<0.001
饮食暴露 [a]	−1.64（−7.34～4.07）	0.56

注：a 表示经过对数转化后的结果。

　　如表 7-1 所示，氯化工人群中经呼吸暴露量远远高于经饮食暴露量，且经饮食暴露量为经呼吸暴露量的 1%，甚至更少。在本模型中，只发现了经呼吸暴露与血清中 PCDD/Fs 含量的相关关系，可能是过高的呼吸暴露量掩盖了饮食暴露潜在的关联性。

7.7　典型行业周边居民 PCDD/Fs 内外暴露水平的关系模型

　　典型行业周边居民内外暴露关系见表 7-7。

表 7-7　血清中 PCDD/Fs 含量 [a] 与相关因素的关系

变量名	β	P 值
截距	−5.98（−8.18～3.77）	<0.001
性别 [b]	−0.39（−0.67～0.12）	0.005 6
年龄	0.003（−0.01～0.016）	0.61
BMI	0.07（0.04～0.10）	<0.001
呼吸暴露 [a]	0.08（−0.09～0.25）	0.37
饮食暴露 [a]	1.53（0.97～2.09]	<0.001

注：a 表示经过对数转化后的结果；b 表示分类变量，其中 1. 男性，2. 女性。

　　血清中 PCDD/Fs 与各相关因素建立多变量线性回归模型，模型具有统计学意义（F=43.50，P<0.01），决定系数 R^2=0.72。回归方程可表述为：

$$\lg（serum）= −5.98 + 1.53×\lg（dietary）+ 0.071×BMI − 0.39×Sex \qquad (7-6)$$

　　式中，serum 为血清中 PCDD/Fs 的毒性当量，pg TEQ/g 脂肪；dietary 为研究对象每天经饮食暴露的 PCDD/Fs 的含量，fg TEQ/[kg（体重）·d]；BMI 为体重指数，kg/m^2。

　　上述结果中性别，BMI 和经饮食暴露量为有效影响因素，其中，女性相对于男性为保护性因素，而 BMI 每增加 1，血清中 PCDD/Fs 含量的对数值增加 0.071；经饮食暴露 PCDD/Fs

含量值的对数每增加 1，血清中 PCDD/Fs 含量的对数值增加 1.53。

本模型提示距离污染物排放源较远（＞5 km）的人群 PCDD/Fs 暴露的主要影响因素是饮食。

7.8　清洁区居民 PCDD/Fs 内外暴露水平的关系模型

清洁区居民内外暴露关系如表 7-8 所示。结果显示血清中 PCDD/Fs 含量与性别和年龄相关，结果显示，女性体内更易蓄积二噁英类化合物，血清中 PCDD/Fs 含量与年龄呈正相关，随着年龄升高而蓄积在体内。

回归方程可表述为：

$$lg（serum）= 0.33 + 0.88×Age + 0.015×Sex \qquad (7-7)$$

式中，serum 为血清中 PCDD/Fs 的毒性当量，pg TEQ/g 脂肪；Sex 为性别，Age 为年龄。

清洁对照区居民血清中 PCDD/Fs 与环境空气及饮食中 PCDD/Fs 关系不大，可能与其环境中 PCDD/Fs 水平很低有关，血清中 PCDD/Fs 主要与年龄相关，可能是长期的蓄积作用，与当前环境空气及食物中 PCDD/Fs 的关联反而不强。

表 7-8　血清中 PCDD/Fs 含量 [a] 与相关因素的关系

变量名	β	P 值
截距	0.33（−4.44～5.10）	0.89
性别 [b]	0.88（0.66～1.11）	＜0.001
年龄	0.015（0.003～0.03）	0.014
BMI	−0.013（−0.06～0.04）	0.60
呼吸暴露 [a]	−0.18（−0.39～0.02）	0.08
饮食暴露 [a]	−0.09（−1.15～0.97）	0.87

注：a 表示经过对数转化后的结果；b 表示分类变量，其中，1. 男性，2. 女性。

7.9　结论及建议

三个典型行业职业工人和周边居民以及清洁对照区所有研究对象中内外暴露关联性研究表明：人体血清中 PCDD/Fs 的内暴露含量与年龄、性别以及经呼吸暴露量和经饮食暴露量相关，因此经呼吸和经饮食暴露的 PCDD/Fs 含量均可导致血清中 PCDD/Fs 的升高。建议控制环境空气中 PCDD/Fs 的排放以及检测食物中 PCDD/Fs 含量可有效控制其人类可能接触的暴露量。

　　我们注意到，三个典型行业、周边居民和清洁对照区分别进行的 PCDD/Fs 内外暴露的关联性分析，其中结果不尽相同。比较一致的是，血清中 PCDD/Fs 随着年龄的升高而升高，女性相较于男性更容易蓄积 PCDD/Fs。三个典型行业职业工人血清中 PCDD/Fs 水平与经呼吸暴露量和经饮食暴露量呈正相关，距离污染源相对较远的居民区血清中 PCDD/Fs 水平与饮食暴露相关，而清洁对照区居民血清中 PCDD/Fs 含量与年龄、性别相关。

8 典型行业研究人群 PCDD/Fs 暴露与氧化损伤的关系

8.1 PCDD/Fs 暴露与氧化损伤研究的国内外进展

PCDD/Fs 即二噁英类化合物是一种持续性有机污染物，毒性大、半衰期长，容易聚集在食物链，对人类的危害巨大。近几年，由二噁英类化合物污染造成的事故不断进入大众的视野。美国在越南战争中投入使用了 8 000 万 L 的橙剂，污染了当地的水源和土壤，造成战争结束之后，越南畸形儿出生率升高，慢性非传染性疾病发病率显著升高。意大利塞维索的伊克梅萨化工所发生爆炸，造成了 PCDD/Fs 类化合物的泄漏，从而引起周边居民的中毒。乌克兰总统尤先科被检测出其血液和人体皮肤组织中 PCDD/Fs 类化合物含量远远超出正常水平，导致了 PCDD/Fs 类化合物的中毒表现，致使其皮肤出现病变。PCDD/Fs中毒恶性公众事件一次次进入人们的视野，使 PCDD/Fs 造成的生态污染所造成的健康危害引起社会的关注。

8.1.1 PCDD/Fs 的理化性质、健康危害

PCDD/Fs 是由 PCDDs 和 PCDFs 组成的。PCDDs 和 PCDFs 是两类结构和性质很相似的含氯有机化合物。由于 Cl 原子在 1~9 的取代位置不同而存在 210 多种同系物。PCDD/Fs类化合物的毒性是不一样的，其毒作用因氯原子的取代数及其取代的位置不同而有所不同。在 2,3,7,8 四个共平面取代位置均有氯原子的有 17 种同系物，其中 PCDDs 共 6 种，PCDFs 共 11 种。在 17 种同系物中毒性最强的是 2,3,7,8-TCDD。

PCDD/Fs 是一类持续性有机污染物（POPs），其典型特点为持久性、蓄积性、迁移性和高毒性等，PCDD/Fs 类化合物具有水溶性低、蒸汽压低的特性。室温条件下 PCDD/Fs类化合物以固态存在，以附着在大气颗粒物上传输，当其沉降进入土壤和水体后，在各环境介质中存在。PCDD/Fs 在食物链中进行生物富集和生物放大。长期存在环境中，在自然界和环境中的半衰期长达 7~11 年。美国 EPA 调查研究报告长期暴露 PCDD/Fs 类化合物对人类有致畸、致癌、致突变的风险[1,2]，同时导致激素水平变化、胎儿和新生儿畸形以及免疫功能下降等。高浓度 PCDD/Fs 的暴露可引起氯痤疮。众多动物实验和人群实验表明，PCDD/Fs 类化合物表现出了生殖发育毒性[3,4]、肝毒性[5,6]、免疫毒性[7,8]和致癌性[9,10]。

8.1.2　PCDD/Fs 致氧化应激的机制

PCDD/Fs 类污染物由于其环境持久性、生物累积性等特性，PCDD/Fs 进入人体后蓄积在脂肪组织中，可被细胞色素 P450 酶催化进行新陈代谢。细胞色素 P450 超家族（CYP）在外源污染物的氧化过程中起着重要的作用[11]。细胞色素 P450 为一类亚铁血红素-硫醇盐蛋白的超家族，包括 CYP1、CYP2 和 CYP3 家族。CYP1A1 基因编码的 P4501A1 参与PCDD/Fs 类化合物的代谢，同时 PCDD/Fs 类化合物诱导 CYP1A1 的表达。对于外源化合物来讲，CYP4501A1 介导的氧化反应是其转变成极性化合物而排出体外的重要一步[12]。同时有研究表明，该反应过程也可以经过生物转化而诱导其毒性增加[13]。PCDD/Fs 类化合物在人体内滞留时间长，半衰期长达 7～11 年，CYP450 参与的催化反应在人体内持续发生。

目前 PCDD/Fs 的毒性作用机制尚未完全阐明，其可能的毒作用机制主要是通过 AhR 介导的，与胞浆中受体蛋白 HSP90 结合，诱导相关基因表达，改变相关酶活性，从而改变大分子结构和功能。PCDD/Fs 因其高脂溶性而进入细胞，在胞浆中可与细胞质内静息态的AhR 结合[14]。

AhR 是一种配体激活转录因子，主要存在细胞浆和线粒体中，对激活基因转录有影响。AhR 具有相当复杂的表达形式，可以上调一些外源性代谢酶，如细胞色素 P4501A1（CYP1A1）、P4501A2（CYP1A2）、P4501B1（CYP1B1）和Ⅱ相酶等。而 CYP1A1 是活化AhR 最有效的基因。还参与组织细胞的信号转导、细胞分化、细胞凋亡等。ARNT 是 AhR 核转位蛋白，结合 AhR 后进入细胞核内。

PCDD/Fs 与 AhR 结合将导致 AhR 激活。激活的复合体进入细胞核后聚集，与 ARNT 结合形成异源二聚体。该二聚体作为一种重要的转录因子，具有结合 DNA 的能力，特异性识别并结合到位于靶基因上游启动子区域的 PCDD/Fs 反应元件（DRE）[15]，导致 DNA 链弯曲，核染色质断裂，提高了启动子的激活概率，增加了 CYP1A1 起始转录的概率，从而造成细胞色素 P4501A1 表达上调。CYP1A1 和 CYP1A2 等参与 PCDD/Fs 的代谢过程导致活性氧分子（ROS）和活性氮成分（RNS）的产生[16-20]。

8.1.3　ROS 致健康损害及生物标志物

活性氧类（ROS）是体内的一类高活性分子，是一类一个原子或分子与一个未成对的电子结合，包括氧离子（·O^{2-}）、过氧化物（H_2O_2）和含氧自由基（HO_2·、·OH）等[21]。为了防御活性氧、自由基对细胞的损伤，人体内本身就存在超氧化物歧化酶（Superoxide Dismutase，SOD）、过氧化氢酶（Catalase，CAT）以及谷胱甘肽过氧化物酶（Glutathione peroxidase，GSH-Px）等抗氧化的生理活性物质[22]。这些活性物质共同防止活性氧类物质对细胞或者大分子造成损伤。氧化与抗氧化系统存在动态均衡。一旦这个动态平衡被打破，整个抗氧化系统就会全面崩溃，体内过剩的 ROS 会对细胞和生物大分子造成损害[23]，过多的 ROS 能够激活核因子 E2 相关因子 2（Nrf2）、核转录因子-κB（NF-κB）、丝裂原活化蛋白激酶（MAPKs）等，从而影响氧化物质和抗氧化物质的相关基因表达，从而造成心脑血管疾病、糖尿病、癌症等疾病，造成细胞衰老，早亡和神经退行性病变等[24]。

过量的 ROS 引起 DNA 氧化损伤，最主要的类型为·OH，·OH 作用于 DNA 链上的碱基，最常见的氧化位点是鸟嘌呤的第 8 个碳原子，结合后形成 8-OHGua。8-OHGua 在去掉一个电子即可得到 8-OHdG。在 DNA 复制时，DNA 链上 8-OHdG 能够与 C 以外的碱基配对[25]，从而造成突变。其中 GC-TA 突变发生是最常见的报道，并且认为该过程是氧化损伤致癌致突变的主要机理之一。一般情况下，8-OHdG 在相关酶的作用下从结合位点被切除随尿液排出体外，且 8-OHdG 在体内是稳定存在的，一旦形成不能被机体代谢，随尿液排出体外。由于尿中 8-OHdG 的来源单一，代谢途径简单明了，且有研究认为尿中 8-OHdG 含量与机体内 DNA 氧化损伤程度相关[26,27]，尿 8-OHdG 被认为是 DNA 损伤可靠稳定的生物标志物。

ROS 同样可以攻击细胞膜、脂蛋白以及含脂质的结构，造成脂质过氧化，从而导致细胞膜的流动性、渗透性等生理功能和空间结构发生改变。多不饱和脂肪酸中往往含有一个或多个位于双键之间的亚甲基，这类亚甲基与自由基反应生成脂类自由基，有部分可被氧化，生成过氧自由基。

在既往的脂质过氧化研究中，往往采用过氧化氢、白三烯、丙二醛（MDA）以及超氧化物歧化酶、维生素 E、谷胱甘肽等作为评价脂质过氧化程度的指标。以往研究认为 MDA 是脂质过氧化的最终产物，其含量的多少与脂质过氧化程度相关，但其专一性不好，灵敏度差，干扰物多，因此，并非理想的生物标志物。同样过氧化氢和白三烯等也由于来源广泛，专一性不好，不能很好地表示脂质过氧化水平。综述以往研究发现 8-iso-PGF2α 是 ROS 攻击细胞膜磷脂形成的产物。细胞膜的磷脂在磷脂酶的催化下生成花生四烯酸，花生四烯酸在 ROS 作用下经过β裂解重组，最终形成 F2-isoprostenes，在 F2-isoprostenes 化合物中最主要的是 8-iso-PGF2α[28]。8-iso-PGF2α主要是由内源性途径产生的，可存在于血液、尿液和各种组织液中[26]。由于 8-iso-PGF2α在体内的来源单一，且有成熟的商品化 Elisa 试剂盒测定条件，因此 8-iso-PGF2α满足作为生物标志物的要求[29]。

8.1.4　PCDD/Fs 致氧化损伤研究现状

综述之前关于 PCDD/Fs 类化合物与氧化应激相关指标的文献（表 8-1）发现，在细胞试验中活性氧和抗氧化系统均在 PCDD/Fs 类化合物高染毒剂量组与低染毒剂量组或者对照组相比表现出了显著的差异。脂质过氧化在不同染毒剂量组表现出了差异，且在染毒时间过程中表现出了先升高后下降的趋势。DNA 氧化损伤相关指标在多数细胞株中表现出了差异，且随着染毒时间增长而升高，而 CHO 3-6 细胞株在相同暴露时间不同染毒剂量而没有表现出差异，其中原因在于染毒剂量抑或细胞的敏感性不同造成的。

表 8-1　PCDD/Fs 类化合物与氧化损伤的关联性研究报道

实验对象		暴露	结果
动物实验	SD 大鼠	TCDD、PeCDF、PCB126	ROS	大鼠肝组织中超氧化物阴离子与染毒浓度呈剂量效应关系[30]
			DNA 氧化损伤	DNA 单链断裂与低染毒剂量组表现出显著的升高[30]
			脂质过氧化	硫代巴比妥酸反应物在肝脏和脑组织中与低染毒组和对照组相比，出现明显的升高[30]
	SD 大鼠	TCDD	抗氧化酶	超氧化物歧化酶、谷胱甘肽过氧化物酶、过氧化氢酶、谷胱甘肽与对照组比较下降[31]
			脂质过氧化	硫代巴比妥酸反应物与对照组显著升高[31]
	SD 大鼠	TCDD	DNA 氧化损伤	血清中 8-OHdG 与 TCDD 染毒剂量呈显著相关[32]
细胞实验	人类红细胞	TCDD	抗氧化酶	谷胱甘肽过氧化物酶、过氧化氢酶与对照组相比下降[33]
			脂质过氧化	硫代巴比妥酸反应物与对照组显著升高[33]
	CHO 3-6 细胞	TCDD	DNA 氧化损伤	暴露相同时间的 8-OHdG 在不同浓度下没有表现出差异[34]
	JAR 细胞株	TCDD	ROS	TCDD 处理组的水平显著高于对照组[35]
			DNA 氧化损伤	8-OHdG 随着染毒时间（0~24 h）增加而升高[35]
			脂质过氧化	MDA 随着染毒时间（0~6 h）升高，到 6 h 达到最高，之后一段时间（6~24 h）MDA 水平下降，但依然高于对照组[35]
人群流行病学研究	金属回收厂和健康志愿者	PCDD/Fs	DNA 氧化损伤	8-OHdG 在有无铸造工作史中无差异[36]
			脂质过氧化	MDA 在有铸造史的工人体内高于无铸造工作史[36]
	垃圾焚烧工人	PCDD/Fs	DNA 氧化损伤	8-OHdG 在垃圾焚烧厂炉底工人和炉顶工人中没有差异，且与工作时间长短无关[37]
			脂质过氧化	MDA 在炉顶工人含量高于炉底，且工龄大于 2.45 年的组高于工作时间低于 2.45 年[37]
	电子垃圾拆解工人	PCDD/Fs	DNA 氧化损伤	8-OHdG 在不同暴露水平的工人中表现出差异[38]
	垃圾焚烧工人	PCDD/Fs	DNA 氧化损伤	尿 8-OHdG 和淋巴细胞 8-OHdG 与血清中 PCDD/Fs 含量没有显著相关[39]
	垃圾焚烧厂工人和周边居民	PCDD/Fs	DNA 氧化损伤	尿 8-OHdG 在实验组和对照组中表现出了差异，实验组显著高于对照组[40]
			脂质过氧化	MDA 在实验组显著高于对照组[40]

　　动物实验中表明，在高染毒组 DNA 单链断裂显著高于低染毒组，且血清中 8-OHdG 与 TCDD 染毒剂量显著相关。就脂质过氧化指标硫代巴比妥酸反应物而言，在肝脏或者脑组织中高染毒组显著高于低染毒组或对照组。

　　在流行病人群研究中，DNA 氧化损伤标志物 8-OHdG 在 PCDD/Fs 暴露人群中没有统一的结论。有研究表明尿中 8-OHdG 在不同暴露水平的工人中有差异，并且高于对照组人群。然而也有研究表明尿中 8-OHdG 在 PCDD/Fs 高暴露行业与低暴露人群中没有差异，且与血清中 PCDD/Fs 含量没有显著相关性。可能由于人群的差异或者暴露剂量的不同，在 DNA 过氧化未表现出统计学差异。

动物实验中一般以硫代巴比妥酸作为脂质过氧化的标志物，结果显示高染毒剂量组中的硫代苯巴比妥酸显著高于低染毒剂量组和对照组。细胞试验中硫代巴比妥酸反应物在实验组也高于对照组，差异有统计学意义。丙二醛会随着染毒时间升高而升高，6 h 达到峰值。在人群研究以丙二醛作为生物标志物，结果认为脂质过氧化指标丙二醛在实验组显著高于对照组，且工龄是其中的有效因素。

相对于细胞试验和动物实验研究结果，人群流行病学的结果相对不一致，选择公认的、灵敏的生物标志物在大样本量的人群中发现 PCDD/Fs 类化合物暴露在职业工人中氧化损伤的分布，发现其中内在的关联性是必要的。

8.1.5　总结

大量的动物实验和流行病学研究认为暴露于 PCDD/Fs 中，会增加肝脏、肾脏、甲状腺癌变和皮肤氯痤疮的发病风险。作为脂溶性的 PCDD/Fs 能够经呼吸、经饮食或者直接接触等途径进入人体，与 AhR 结合，激发相关基因的表达。在该过程中，PCDD/Fs 类化合物可以促进细胞色素 P450 相关酶系的表达，细胞色素 P450 酶参与的氧化反应中可产生过量的 ROS，与生物大分子（DNA、脂质和蛋白质等）结合，造成 DNA 损伤和脂质过氧化等。结合 AhR，促进细胞色素 P450 表达，产生 ROS 这一途径被认为是促进细胞衰老和凋亡的关键环节。

综合前期动物和细胞实验以及现有的流行病学调查研究，在高暴露人群中选择合适的生物标志物反映体内氧化损伤水平，才能科学判断 PCDD/Fs 类化合物对人体大分子的损伤情况。因此，根据特异性好、灵敏度高以及来源单一等原则选择生物体氧化损伤标志物。尿 8-OHdG 和尿中 8-iso-PGF2α可作为反映 DNA 损伤和脂质过氧化的生物标志物。相较于普通人群，在 PCDD/Fs 类化合物暴露的职业人群中分析 PCDD/Fs 类化合物暴露与氧化损伤标志物的关系，可以更好地阐述 PCDD/Fs 类化合物暴露导致职业工人的健康损伤情况，为普通人群的研究做基础，也为阐述 PCDD/Fs 致健康损伤提供了证据。

8.2　尿中氧化损伤标志物的测定方法

8.2.1　尿中 8-OHdG 的测定方法

（1）仪器

①HPLC 装置：Waters Waters Inc，USA（Waters：515 泵、717 自动加样器、2465 电化学检测器）；②快速真空浓缩仪（concentrator 5301）：Eppendrof Eppendrof AG，德国；

③低温高速离心机（5810R）：Eppendrof Eppendrof AG，德国；④SPE 固相萃取装置：Agilent Agilent Technologies Inc；⑤反相 C$_{18}$ 色谱柱（Atlantiss*T3 5 μm 4.6×150 mm column）：Waters Waters Inc，美国；⑥Bond Elut LRC C$_{18}$—OH 固相萃取柱（500 mg，50pk）：Agilent Agilent Technologies Inc，美国；⑦针头式微孔滤器（0.22 μm 水系，4 mm，100 个/包装）：美国 Navigator 公司；⑧分析天平 BP3100S：Sartorius Sartorius AG，德国；⑨加样器（10 μl、100 μl、1 ml、5 ml）：Eppendrof Eppendrof AG，德国；⑩1 000 ml 烧杯；⑪1 ml 注射器：武汉恒康医疗器械有限公司；⑫进样瓶（透明瓶带瓶塞，1 ml，100/PK）：CNW Technologies Inc；⑬溶剂过滤器（1 000 ml）：天津奥特赛恩斯仪器有限公司；⑭水系微孔过滤膜（水系，直径：50，孔径：0.2 μm 50 片）：津腾 天津市津腾实验设备有限公司；⑮有机系微孔滤膜（有机系，直径：50，孔径：0.2 μm 50 片）：津腾 天津市津腾实验设备有限公司；⑯超声洗涤器（KUDOS SK 8200H）：上海科导超声仪器有限公司。

（2）试剂

①8-OHdG（8-hydroxy-2'-deoxyguanosine；MW：283.20），1 mg/瓶：Sigma-Aldrich，Co，USA；②磷酸二氢钾，优级纯 500 g/瓶：国药集团化学试剂有限公司；③乙酸，优级纯 500 ml/瓶：国药集团化学试剂有限公司；④柠檬酸，优级纯 500 g/瓶：国药集团化学试剂有限公司；⑤氢氧化钠，优级纯 500 g/瓶：天津光复精细化工研究所；⑥乙酸钠，色谱纯 500 g/瓶：天津科密欧试剂有限公司；⑦乙二胺四乙酸（EDTA），分析纯 250 g/瓶：国药集团化学试剂有限公司；⑧甲醇，色谱纯 500 ml/瓶：天津市科密欧化学试剂开发中心；⑨水：Milli-Q 反应水系统制备。

（3）溶液的配制

①HPLC 流动相（1000 ml）：

柠檬酸（终浓度：12.5 mmol/L）	210.04 mg×12.5=2 636.75≈2.6 g
醋酸钠（终浓度：25 mmol/L）	136.08 mg×25≈3.4 g
醋酸（终浓度：10 mmol/L）	60.05 mg×10=0.6 g≈0.58 ml
氢氧化钠（终浓度：30 mmol/L）	40.00 mg×30=1 200 mg=1.2 g
乙二胺四乙酸（终浓度：20 mg/L）	20 mg
甲醇（终浓度：3%～5%，适当调整）	35 ml

用重蒸水定容至 1L，用装有 0.22 μm 水系微孔滤膜的溶剂过滤器过滤。

②0.1 mol/L KH$_2$PO$_4$（pH=6.0）：称取 13.6 g KH$_2$PO$_4$ 定容到 1 L 纯水中，调 pH 值至 6.0。

（4）尿样前处理

取出冰冻分装的 2 ml 尿样于 38℃水浴融化，离心 10 min（4℃，5 000 r/min）。

（5）固相萃取（SPE）小柱的预处理

①柱预处理：将 Bond Elut LRC C$_{18}$—OH 固相萃取柱调为低真空密度。

②依次加入约 10 ml 纯甲醇、约 5 ml 去离子水，约 10 ml 0.1 mol/L KH_2PO_4（pH=6.0）冲洗。

③再用 3 ml 去离子水淋洗，在最大真空度下抽真空干燥 10 min。

（6）尿液吸附、洗脱、收集

①尿样吸附　取 1.5 ml 预处理尿样过 C_{18}—OH 固相萃取柱小柱。

②尿样洗脱　依次用 3 ml 0.1 mol/L KH_2PO_4（pH 6.0）、3 ml 5%甲醇淋洗，抽干 5 min。最后用 1 ml 纯甲醇洗脱 SPE 小柱吸附的尿样，并收集洗脱液于 1.5 ml Ep 管，置于快速真空浓缩仪吹干甲醇（45℃，约 3 h，根据实际情况确定），4℃冰箱保存，进样前用 0.1 mol/L 的 KH_2PO_4（pH=6.0）1 ml 定容。

③临分析前，将样品用针头式滤器过滤至自动进样小瓶；再从中取 100 μl 与 900 μl 过滤的 0.1 mol/L KH_2PO_4（pH 6.0）混匀，4℃保存（可根据出峰情况，适当调整稀释比例）。取 20 μl 进样检测。

（7）尿样前处理质量控制

①建议每批次样品做一个平行样和一个加标样，以计算平行样的变异系数和加标样的回收率。

②进样时每批次进一个标准样，以随时掌握出峰时间。

③每天做一条标准曲线，以计算当天样品中 8-OHdG 含量。

尿样加标回收：取 1.5 ml 融化尿样，加入 75 μl B 标；同时取 1.5 ml 等分尿样，加入 75 μl 去离子水作为尿样本底；余后处理同固相萃取（SPE）小柱的预处理步骤②和步骤③。

（8）8-OHdG 标准曲线制备

①标准贮备液（1 mg/ml）的配制：加 1 ml 去离子水于盛有 1 mg 8-OHdG 的原装试剂瓶内，充分溶解混匀，取上述混匀液体 100 μl 至 15 ml 离心管内，−20℃避光保存（可分装 9 只离心管）。

②标准应用液的配制：使用前，用重蒸水逐级稀释标准贮备液至 14 μmol/L，4℃保存。用加样器各取 100 μl 标准贮备液和 4945 μl 重蒸水（终体积：5044.5 μl），混匀，即为 A 标（8-OHdG 浓度为 70 μmol/L）。再用加样器分别取 A 标 1 ml、重蒸水 4 ml（终体积：5.00 ml），混匀，即为 B 标（8-OHdG 浓度为 14 μmol/L）。

③标准曲线制备：将 B 标用过滤的 0.1 mol/L KH_2PO_4（pH=6.0）稀释至 8-OHdG 浓度分别为 0 nmol/L、28 nmol/L、70 nmol/L、140 nmol/L、350 nmol/L、700 nmol/L 和 1 400 nmol/L。依次从上述标准溶液系列各取 20 μl 注入 HPLC 检测。分析样品图时按 8-OHdG 标准品的保留时间定性、样品图峰高定量。采用回归方程 $Y=bX+a$ 计算样品中 8-OHdG 含量，同时计算 R^2 值。

表 8-2　标准曲线配制

	管　号						
	0	1	2	3	4	5	6
14μmol/L 8-OHdG B 标/μl	0	10	25	50	125	250	500
0.1 mol/L KH$_2$PO$_4$/（pH=6.0，μl）	5 000	4 990	4 975	4 950	4 875	4 750	4 500
总体积/ml	5	5	5	5	5	5	5
8-OHdG 标准液浓度/（nmol/L）	0	28	70	140	350	700	1 400

（9）HPLC 检测条件

①色谱柱：Waters（Atlantiss*T3 5 μm 4.6×150 mm column）。

② 流动相：配制的流动相需用 0.22 μm 滤膜过滤后备用。控制流动相流速为 1.0 ml/min。

③进样量为 20 μl，控温室温度为 25℃，电极电势为 600 mV 或适当上调。

（10）HPLC 操作

1）计算机设定：在"实验"界面上设定。

a 打开"文件"菜单，找到"新批文件"→"文件名"自定义、"方法名"单击"登录"选择"seq""样品名"自定义、"自动增量"全选、自定义"进样数"→"OK"。

b 再点开"文件"菜单→"批文件另存于"→自定义→"是否覆盖原有数据""YES"→单击屏幕上方运行的快捷键"batch"→"启动"→则进入采集界面。

2）HPLC 操作：将进样瓶依次放入进样盘中，单击屏幕下方"Start"→"Enter"→"Enter"→单击另一"Start"。

3）进样条件设定：在 HPLC 操作屏幕上设定：电压 300 mV；流动相流速：1.4 ml/min。

（11）数据的读取

1）图形查看：批文件运行结束后会自动停止。调出文件，依次选择样品名，查看样品图。

2）图形分析：手动分析"出峰时间""峰高""峰面积"等信息。

（12）注意事项

1）严格控制室温在 25℃，出峰时间可因室温而变化。

2）注意流动相要充足，废液要及时清除。

3）根据出峰时间调整 HPLC 流动相甲醇的浓度，依据温湿度以及电化学检测器的状况进行调整。

4）尿样前处理注意事项：a.如果 SPE 小柱已经活化了，要尽快使用，从活化到洗脱被测物前的整个过程，SPE 小柱不能干；b.SPE 小柱活化和平衡可适当快些，但上样和洗脱时一定要控制流速：a. 样品尽可能低流速通过柱子，以 1～5 ml/min 为佳。b. 以 1～5 ml/min 流速洗脱样品。

5）注意检查真空泵的抽气功率以及固相萃取装备的气密性，柱子活化阶段，气压会达到 5～7 个单位大气压，进样品和洗脱样品时调整气压到 2～3 个单位大气压。

6）废液处理及样本瓶的清洗：进样结束后，将废液倒入盛有 84 消毒液的废液缸中浸泡 30 min 后倒入水池，用大量清水冲洗。将使用过的进样瓶直接泡入洗洁精中，浸泡 30 min，取出后放入超声洗涤器中，50℃ 30 min，然后泡酸缸：浸泡 12 h 后从酸缸内捞出进样瓶，用自来水冲洗 10 次，去离子水淋洗三次，置于 60℃干燥箱中烘干备用。

8.2.2 尿中 8-iso-PGF2α的测定方法

试剂盒采用双抗体夹心法酶联免疫吸附试验（ELISA）。往预先包被人 8-iso-PGF2α捕获抗体的包被微孔中，依次加入标本、标准品、标记的检测抗体，经过温育并彻底洗涤。用底物显色，在酶标仪特定波长下测定吸光度值，并计算样品的浓度，乘以稀释倍数，即可得到原始浓度。

（1）主要试剂及仪器

人 8-异前列腺素酶联免疫试剂盒：美国 Cayman 公司；Syngene 多功能酶标仪：美国 Bio Tek 公司；Thermomixer comfort 舒适型恒温混匀仪：德国 Eppendorf 公司；纯水机：蓝凯 LK20-C，武汉市泓源企业制造；快速恒温数显水箱：HH-42，常州国华电器有限公司。

（2）实验方法

1）样品准备及溶液配制

将冷冻的尿样和 8-异前列腺素酶联免疫试剂盒从 -20℃冰箱中取出平衡至室温（30 min以上）备用。

溶液配制：

样品稀释液（1×）：取 EIA 样品稀释液（10×）10 ml 与 90 ml 超纯水混合 8-异前列腺素 EIA 标准品：将 8-异前列腺素标准品稀释 10 倍配制成标准原液。取 8 只离心管并编号标记（1～8），在 1 号管中加入 900 μl 的样品稀释液，2～8 号管加入 750 μl 的样品稀释液。取 100 μl 的标准原液加入 1 号管，振荡混匀。从 1 号管取 500 μl 到 2 号管，振荡混匀，后依次从前一管取 500 μl 加入到后一管。最终配制成 0.8 pg/ml、2.1 pg/ml、5.1 pg/ml、12.8 pg/ml、32 pg/ml、80 pg/ml、200 pg/ml、500 pg/ml 的标准系列。

AchE 标记的 8-异前列腺素：染色剂与定位试剂以 1：100 的比例混匀，4℃保存。

8-异前列腺素抗血清：染色剂与抗血清以 1：100 的比例混匀，4℃保存。

AchE 底物：使用当天配制。

洗涤液：由洗涤液原液经超纯水稀释 400 倍，每升洗涤液加入 0.5 ml 的聚山梨醇酯-20（表面活性剂）。

2）加样

分别设空白孔（Blank，Blk 孔），非特异性结合孔（Non-Specific Binding，NSB 孔），最大结合孔（Maximum Binding，B0 孔），标准品孔和样品孔。空白孔不加试剂，NSB 孔中加入 100 μl 样品稀释液和 50 μl AchE 标记的 8-异前列腺素。B0 孔依次加入 50 μl 样品稀释液、50 μl AchE 标记的 8-异前列腺素、50 μl8-异前列腺素抗血清。标准品孔加入标准品 50 μl,标准品浓度依次为 0.8 pg/ml、2.0 pg/ml、5.1 pg/ml、12.8 pg/ml、32 pg/ml、80 pg/ml、200 pg/ml、500 pg/ml,随后加入 50 μl AchE 标记的 8-异前列腺素和 50 μl8-异前列腺素抗血清。样品孔依次加入 2 μl 的尿液上清、48 μl 样品稀释液、50 μl AchE 标记的 8-异前列腺素和 50 μl 8-异前列腺素抗血清。

3）孵育

用封板膜封板后放入 4℃恒温混匀仪中孵育 18 h。

4）配液

洗板当天配制 AchE 底物和洗涤液。

5）洗涤

揭开封板摸,弃去孔中液体后用力甩干,然后每孔加满洗涤液,静置片刻后再弃去液体,在吸水纸上用力拍干,重复 5 次。

6）显色

每孔加入 200 μl AchE 底物,用封板摸封板后置于无光环境中常温孵育 80 min。

7）读板

用干净的深色纸张包住反应板,遮光送入酶标仪中。在 412 nm 波长下依次测定各孔的吸光度（OD 值）。

8）计算

计算 NSB 孔吸光度的均值；计算 B0 孔吸光度的均值；修正 B0 孔,B0 孔吸光度值减去 NSB 吸光度值；修正样品或标准品的吸光度：原始结果减去 NSB 吸光度值,再除以修正后的 B0 孔的吸光度。

经过对数转换后的修正的标准品的吸光度与 8-异前列腺素的浓度作回归曲线。然后将修正后的样品吸光度代入回归曲线方程,即可得到样品稀释浓度,乘以稀释倍数后即为样本的实际浓度。

（3）注意事项

1)试剂盒保存在-20℃,使用前室温平衡 30 min 以上。从冰箱取出的洗涤液会有结晶,属于正常现象。

2）实验中不用的板条应立即放回自封袋中,密封保存。

3）严格按照说明书中标明的时间、加液量及顺序进行温育操作。

4）所有液体组分使用前充分摇匀。

8.3 研究人群基本特征

在上述的人群中,选择满足尿样量大于 2 ml,且人群基本信息完备的铸造厂职业工人

214 人，铸造厂周边居民 56 人，垃圾焚烧厂职业工人 171 人，垃圾焚烧厂周边居民 70 人，清洁对照区居民 110 人。为排除混杂因素，将研究人群分别按照区域、性别、年龄、BMI、吸烟与否、饮酒与否进行分组，各组的具体信息如表 8-3 所示。

由表 8-3 可见，铸造厂工人尿中 8-OHdG 的含量为 2.98（0.63～15.56）μmol/mol 肌酐，铸造厂周边居民尿中含量为 1.81（0.83～4.74）μmol/mol 肌酐，垃圾焚烧职业工人尿中 8-OHdG 的含量为 4.00（0.92～20.36）μmol/mol 肌酐，垃圾焚烧厂周边居民尿中 8-OHdG 的含量为 1.21（0.12～14.76）μmol/mol 肌酐，清洁对照区居民尿中含量为 1.25（0.35～8.40）μmol/mol 肌酐。经统计学检验，铸造厂职业工人尿中 8-OHdG 含量高于铸造厂周边居民，且都高于清洁对照区居民；垃圾焚烧工人尿中 8-OHdG 高于垃圾焚烧厂周边居民，高于清洁对照组居民。

尿中 8-OHdG 在不同性别中的分布有差异，差异有统计学意义；在不同年龄层中的分布有差异，差异有统计学意义；在不同 BMI 组的分布差异没有统计学意义，在不同吸烟、饮酒习惯的人群中分布差异没有统计学意义。

尿中 8-iso-PGF2α 在各人群中的分布如下：铸造职业工人尿中 8-iso-PGF2α 含量为 18.49（4.89～79.31）μmol/mol 肌酐，铸造厂周边居民尿中 8-iso-PGF2α 含量为 14.96（8.84～20.26）μmol/mol 肌酐；垃圾焚烧厂职业工人尿中含量为 17.17（4.49～93.33）μmol/mol 肌酐，垃圾焚烧厂周边居民尿中含量为 15.18（1.84～137.25）μmol/mol 肌酐；清洁对照区居民尿中含量为 11.10（4.84～35.39）μmol/mol 肌酐。根据以上结果，可以看出铸造厂职业工人高于铸造厂周边居民高于清洁对照区居民。垃圾焚烧厂职业工人和周边居民均高于清洁对照区居民。

尿中 8-iso-PGF2α 在性别中分布没有差异；在年龄分组中差异没有统计学意义；体重分组中差异没有统计学意义；在吸烟和饮酒分组中，差异均没有统计学差异。

8.4 研究人群 PCDD/Fs 外暴露与氧化损伤的关系

PCDD/Fs 进入人体引起氧化损伤的可能机制研究表明，PCDD/Fs 进入人体后，蓄积在脂肪组织中，可进入细胞。与细胞质内 AhR 结合形成复合体。激活的受体复合物进入细胞核与 ARNT 结合形成异源二聚体，从而激活相关的 PCDD/Fs 反应元件（DREs），促进 CYP1A1 的转录表达。转录表达的产物破坏了体内原有的氧化还原平衡，导致体内过量的 ROS 蓄积，体内过量的 ROS 不能及时被抗氧化系统清理，使脂质、蛋白质、DNA 等物质氧化，造成脂质过氧化以及 DNA 损伤等。

表 8-3　氧化损伤标志物在各分组中的分布（μmol/mol 肌酐）（中位数（5%～95%））

变量		人数	8-OHdG	P 值	8-iso-PGF2α	P 值
区域	铸造工人	214	2.98 (0.63～15.56) *#		18.49 (4.89～79.31) *#	
	铸造厂周边居民	56	1.81 (0.83～4.74) *		14.96 (8.84～20.26)	
	垃圾焚烧工人	171	4.00 (0.92～20.36) *#	<0.01	17.17 (4.49～93.33) *	<0.01
	垃圾焚烧厂周边居民	70	1.21 (0.12～14.76)		15.18 (1.84～137.25) *	
	清洁对照居民	110	1.25 (0.35～8.40)		11.10 (4.84～35.39)	
性别	男	414	2.79 (0.53～15.56)		15.46 (4.77～76.50)	
	女	198	2.01 (0.23～13.29)	0.04	15.14 (4.27～69.34)	0.93
年龄	<35	194	2.85 (0.26～23.38)		14.11 (4.33～79.58)	
	35～43	210	2.94 (0.34～17.72)	0.06	16.55 (4.27～69.34)	0.91
	≥43	217	2.87 (0.62～13.28)		15.04 (5.36～71.24)	
BMI	<24	404	2.34 (0.32～14.10)		14.66 (4.41～72.69)	
	≥24	217	2.89 (0.56～15.65)	0.42	15.52 (4.84～70.26)	0.89
吸烟	吸烟	218	2.78 (0.54～15.56)		14.75 (4.83～72.69)	
	不吸烟	403	2.28 (0.33～14.10)	0.97	15.49 (4.49～70.13)	0.71
饮酒	饮酒	276	2.72 (0.53～15.04)		14.95 (4.77～74.90)	
	不饮酒	345	2.39 (0.34～13.32)	0.41	15.49 (4.49～70.13)	0.94

注：*与清洁对照组相比，差异有统计学意义；#有本行业周边居民相比，差异有统计学意义。

PCDD/Fs 类化合物的致癌、致畸、致突变等生物毒性已有大量文献报道，其中 2,3,7,8-TCDD 被国际癌症中心列为一类致癌物。而 PCDD/Fs 类化合物致癌途径中氧化损伤是重要的环节。本研究将氧化损伤标志物作为生物效应早期指标，来评价 PCDD/Fs 类化合物对职业工人的健康损伤情况，并将暴露与氧化损伤标志物做相关分析，探索两者之间的关联性。

本研究将研究对象外暴露四分位后，一般情况和氧化损伤标志物的趋势分析如表 8-4 所示。以 PCDD/Fs 类化合物的外暴露含量 96.65 fg TEQ/[kg（体重）·d]、125.67 fg TEQ/[kg（体重）·d]、209.64 fg TEQ/[kg（体重）·d]作为四分位点将整个人群分为四组。

尿中 8-OHdG 浓度在外暴露 PCDD/Fs 浓度四分位组中分别为 1.80（0.42～8.81）µmol/mol 肌酐、1.77（0.15～8.12）µmol/mol 肌酐、3.34（0.61～19.25）µmol/mol 肌酐和 4.00（0.90～22.05）µmol/mol 肌酐，在四组间的趋势校正年龄、性别、吸烟情况和饮酒情况以及 BMI 后，差异有统计学意义（P=0.04）。

研究对象尿中 8-iso-PGF2α在外暴露 PCDD/Fs 浓度四分位组中分别为 13.07（4.93～42.44）µmol/mol 肌酐、16.28（3.75～68.81）µmol/mol 肌酐、18.70（4.27～109.06）µmol/mol 肌酐和 15.44（4.38～93.33）µmol/mol 肌酐，在四组间的趋势校正年龄、性别、吸烟情况和饮酒情况以及 BMI 后，差异有统计学意义（P=0.01）。

8.5　研究人群 PCDD/Fs 内暴露与氧化损伤的关系

进一步探究内暴露量与氧化损伤标志物的关联性，将 3.12 pg TEQ/[kg（体重）·d]、5.45 pg TEQ/[kg（体重）·d]、8.85 pg TEQ/[kg（体重）·d]作为分组点，将研究对象分为 4 组：≤3.12 pg TEQ/[kg（体重）·d]、3.12～5.45 pg TEQ/[kg（体重）·d]、5.45～8.85 pg TEQ/[kg（体重）·d]和≥8.85 pg TEQ/[kg（体重）·d]。在≤3.12 pg TEQ/[kg（体重）·d]组中，人数为 77 人，平均年龄为 33.52 岁。男性 62 人，占该组人数的 80.52%，吸烟者 39 人，占该组人数的 50.65%；饮酒者 36 人，占该组人数的 46.75%，平均 BMI 为 22.56 kg/m^2。

尿中 8-OHdG 浓度在内暴露 PCDD/Fs 浓度四分位组中分别为 3.45（0.54～18.47）µmol/mol 肌酐、2.02（0.69～13.15）µmol/mol 肌酐、2.33（0.53～22.32）µmol/mol 肌酐和 2.60（0.57～8.83）µmol/mol 肌酐，在四组间的趋势校正年龄、性别、吸烟情况和饮酒情况以及 BMI 后，差异无统计学意义（P>0.05）。

表 8-4　外暴露 PCDD/Fs 四分位组工人的一般情况和尿中氧化损伤标志物的分布

变量		外暴露 PCDD/Fs 四分位/{fg TEQ/[kg（体重）·d]}				P 值
		≤96.65	96.65~125.67	125.67~209.64	≥209.64	
人数		162	153	153	153	—
年龄		43.77±6.85	40.15±7.20	39.12±8.40	32.24±8.97	<0.001[a]
性别	男性	95（58.64%）	102（66.67%）	108（70.59%）	118（77.12%）	0.001[b]
	女性	67（41.36%）	51（33.33%）	45（29.41%）	35（22.88%）	
吸烟情况	吸烟者	51（31.48%）	46（30.07%）	61（39.87%）	60（39.22%）	0.15[b]
	不吸烟者	111（68.52%）	107（69.93%）	92（60.13%）	93（60.78%）	
饮酒情况	饮酒者	71（43.83%）	58（37.91%）	77（50.33%）	70（45.75%）	0.18[b]
	不饮酒者	91（56.17%）	95（62.09%）	76（49.67%）	83（54.25%）	
BMI		24.07±3.21	24.10±2.41	22.88±2.81	22.04±2.84	<0.01[a]
8-OHdG		1.80（0.42~8.81）	1.77（0.15~8.12）	3.34（0.61~19.25）	4.00（0.90~22.05）	0.04[c]
8-iso-PGF2α		13.07（4.93~42.44）	16.28（3.75~68.81）	18.70（4.27~109.06）	15.44（4.38~93.33）	0.01[c]

注：a. 单因素方差分析；b. 双侧卡方检验；c. 趋势检验，校正年龄、性别、吸烟情况和饮酒情况以及 BMI。

表 8-5　内暴露 PCDD/Fs 四分位组工人的一般情况和尿中氧化损伤标志物的分布

变量		内暴露 PCDD/Fs 四分位/{pg TEQ/[kg（体重）·d]}				P 值
		≤3.12	3.12~5.45	5.45~8.85	≥8.85	
人数		77	82	76	82	—
年龄		33.52±7.44	39.96±9.73	37.33±8.87	41.05±7.45	<0.001[a]
性别	男性	62 (80.52%)	66 (80.49%)	56 (73.68%)	49 (59.76%)	0.0075[b]
	女性	15 (19.48%)	16 (19.51%)	20 (26.32%)	33 (40.24%)	
吸烟情况	吸烟者	39 (50.65%)	25 (30.49%)	30 (39.47%)	25 (30.49%)	0.026[b]
	不吸烟者	38 (49.35%)	57 (69.51%)	46 (60.53%)	57 (69.51%)	
饮酒情况	饮酒者	36 (46.75%)	42 (51.22%)	29 (38.16%)	35 (42.68%)	0.39[b]
	不饮酒者	41 (53.25%)	40 (48.78%)	47 (61.84%)	47 (57.32%)	
BMI		22.56±2.84	23.57±2.84	23.13±3.15	23.97±3.03	0.02[a]
8-OHdG		3.45 (0.54~18.47)	2.02 (0.69~13.15)	2.33 (0.53~22.32)	2.60 (0.57~8.83)	0.49[c]
8-iso-PGF2α		14.77 (4.40~102.55)	14.11 (4.77~48.33)	16.57 (4.70~65.62)	13.72 (5.23~48.71)	0.96[c]

注：a. 单因素方差分析；b. 双侧卡方检验；c. 趋势检验。校正年龄、性别、吸烟情况和饮酒情况以及 BMI。

根据以上结果显示尿中氧化损伤标志物（尿中 8-OHdG 和尿 8-iso-PGF2α）随着外暴露浓度的升高而表现出升高的趋势。

由于内暴露人数较少，且在四分位组中年龄、性别、吸烟情况在组间分布有差异。本研究将吸烟情况进行分层后，不吸烟人群三分位结果如表 8-6 所示。

将吸烟人群剔除后，只留下不吸烟人群，选择内暴露含量 4.103 pg TEQ/[kg（体重）·d]，7.778 pg TEQ/[kg（体重）·d]为分组点将不吸烟人群三分位，即小于或等于 4.103 pg TEQ/[kg（体重）·d]组，4.103～7.778 pg TEQ/[kg（体重）·d]组和大于或等于 7.778 pg TEQ/[kg（体重）·d]组。在小于或等于 4.103 pg TEQ/[kg（体重）·d]组，人数为 65 人。男性 43 人，占该组的 66.15%，BMI 的平均值为 22.84 kg/m²。在 4.103～7.778 pg TEQ/[kg（体重）·d]组中人数 66 人，男性 39 人，占该组的 59.09%，BMI 平均值为 23.42 kg/m²。在大于或等于 7.778 pg TEQ/[kg（体重）·d]组中，人数 67 人，男性 33 人，占该组的 49.25%，BMI 平均值为 23.18 kg/m²。

尿中 8-OHdG 在三分位组中的分布为 3.15（0.72～17.72）μmol/mol 肌酐、1.84（0.69～12.40）μmol/mol 肌酐和 2.85（0.57～10.61）μmol/mol 肌酐。8-OHdG 在三分位组中的分布经校正年龄、性别和 BMI 后趋势检验有统计学意义，P=0.03。尿中 8-iso-PGF2α在三组中的分布为 7.42（4.49～109.06）μmol/mol 肌酐、16.20（4.70～35.39）μmol/mol 肌酐和 13.86（5.36～74.90）μmol/mol 肌酐。尿中 8-iso-PGF2α在三分位组中经校正年龄、性别和 BMI 后趋势检验无统计学意义，$P>0.59$。根据以上结果显示尿中 8-OHdG 随着血清中 PCDD/Fs 内暴露含量升高而表现出升高的趋势，尿中 8-iso-PGF2α随着血清中 PCDD/Fs 含量升高并没有表现出升高的趋势。

表 8-6 不吸烟人群内暴露三分位组工人的一般情况和尿中氧化损伤标志物的分布

变量		内暴露 PCDD/Fs 三分位/（pg TEQ/[kg（体重）·d]）			P 值
		≤4.103	4.103～7.778	≥7.778	
人数		65	66	67	—
年龄		34.74±10.07	39.15±7.50	38.76±8.17	0.006[a]
性别	男性	43（66.15%）	39（59.09%）	33（49.25%）	0.14[b]
	女性	22（33.85%）	27（40.91%）	34（50.75%）	
BMI		22.84±2.67	23.42±3.31	23.18±2.86	0.53[a]
8-OHdG		3.15（0.72～17.72）	1.81（0.69）	2.85（0.57～10.61）	0.03[c]
8-iso-PGF2α		17.42（4.49～109.06）	16.20（4.70～35.39）	13.86（5.36～74.90）	0.59[c]

注：a. 单因素方差分析；b. 双侧卡方检验；c. 趋势检验，校正年龄、性别以及 BMI。

8.6　PCDD/Fs 与氧化损伤关系讨论

Nishimura 等[41]报道了暴露在 2,3,7,8-TCDD 环境中的小鼠体内 8-OHdG 含量显著升高。本研究结果显示暴露于 PCDD/Fs 的铸造工人组和辅助工人组尿中 8-OHdG 和尿 8-iso-PGF2α 显著高于清洁对照区人群。为更进一步研究暴露与氧化损伤的关联性研究，在校正年龄、性别、吸烟、饮酒和 BMI 等因素后，血清 PCDD/Fs 暴露水平与氧化损伤标志物（尿 8-OHdG 和尿 8-iso-PGF2α）无显著相关；排除吸烟因素后，不吸烟人群血清 PCDD/Fs 水平与氧化损伤标志物相关。外暴露 PCDD/Fs 水平与氧化损伤标志物（尿 8-OHdG 和尿 8-iso-PGF2α）相关，且以外暴露 PCDD/Fs 四分位分组，尿中 8-OHdG 和尿 8-iso-PGF2α 均呈现上升的趋势，趋势检验具有统计学意义，表明外暴露 PCDD/Fs 导致的氧化损伤标志物（尿 8-OHdG 和尿 8-iso-PGF2α）浓度的升高具有剂量效应关系。既往已有 PCDD/Fs 导致机体氧化损伤的报告中，评价 PCDD/Fs 与体内氧化损伤水平的人群研究较少。Wen 等[42]报道的关于电子垃圾拆解工人中暴露 PCDD/Fs 的升高会导致尿中 8-OHdG 浓度升高，与本研究结果类似。Jong 等[43]研究韩国焚烧厂工人与周边居民时发现两人群的尿 8-OHdG 和脂质过氧化标志物丙二醛（Malondialdehyde，MDA）在高暴露组中显著高于低暴露组。而 Yoshida 等[44]的相关研究报道则称尿 8-OHdG 与血清中 PCDD/Fs 的水平没有显著的相关性。血清中 PCDD/Fs 含量与氧化损伤标志物没有关联，但外暴露与氧化损伤相关联可能的原因在于 PCDD/Fs 为脂溶性化合物，有报道称其在体内的半衰期长达 7～11 年，在人体内持续的增加机体氧化损伤。而尿中氧化损伤标志物则能反映近期机体氧化损伤的情况。但在排除了吸烟等因素后发现血清中 PCDD/Fs 含量与氧化损伤标志物相关，其可能的原因在于吸烟情况影响了尿中氧化损伤标志的水平，从而掩盖了 PCDD/Fs 暴露与氧化损伤标志物的关联性。

氧化损伤是人体内氧化与抗氧化作用失衡，产生过量的 ROS 攻击机体大分子造成的，而能影响氧化损伤的因素较多。根据以往的研究结果显示，吸烟、饮酒等因素均可对机体氧化应激脂质过氧化水平产生影响[45-48]。为了分析吸烟与否的影响，本研究将氧化损伤标志物根据吸烟状况进行分组，结果显示吸烟组尿 8-OHdG 水平高于非吸烟组，但差异没有统计学意义。其可能的原因是研究对象外暴露 PCDD/Fs 含量所引起的氧化损伤掩盖了吸烟的影响。尿中 8-iso-PGF2α 水平在不吸烟组显著高于吸烟组。其中可能的原因为不吸烟组中一半为女性群体，而女性群体的尿 8-iso-PGF2α 高于男性。单独将男性人群中吸烟状况分组，两组中的尿 8-iso-PGF2α 差异无统计学意义（$P > 0.05$）。并且女性群体暴露于油烟等室内空气污染物的机会较多，而室内空气污染物中含有苯并[a]芘、多环芳烃等均可以引起氧化应激。

本研究为了排除吸烟等因素的干扰，将吸烟者剔除后选择不吸烟者。尿中 8-OHdG 含量随着血清中 PCDD/Fs 类化合物浓度的升高而表现出升高的趋势，而尿中 8-iso-PGF2α 含量并没有随着血清中 PCDD/Fs 类化合物浓度的升高而表现出升高的趋势。

8.7　研究结论与建议

本章分析了钢铁铸造行业工人 PCDD/Fs 的内外暴露含量与氧化损伤的关联性。研究结果显示：PCDD/Fs 的外暴露量的升高与尿中氧化损伤标志物（DNA 氧化损伤标志物尿 8-OHdG 和脂质过氧化损伤标志物尿 8-iso-PGF2α）的增加有关，并且呈现出显著的暴露剂量-效应关系。在校正了吸烟等致氧化损伤因素后，研究对象外周血 PCDD/Fs 的内暴露含量的升高与尿中氧化损伤标志物（尿 8-OhdG）的增加有关。

PCDD/Fs 的外暴露反映了研究对象目前或者近期的暴露水平，外周血中 PCDD/Fs 则反映了机体较长时期内的 PCDD/Fs 暴露和蓄积量，部分研究显示外暴露水平与机体氧化损伤呈现暴露剂量-效应关系，提示接触 PCDD/Fs 可导致机体氧化损伤增强，然后可能导致许多慢性疾病以及肿瘤。因此，尽量减少职业原因导致的 PCDD/Fs，制订合适的职业人群 PCDD/Fs 接触限值，对保护工人健康有重要意义。

参考文献

[1]　Agency，U.S.O.O.，Health assessment document for 2,3,7,8-Tetrachlorodibenzo-p-dioxin（TCDD）and related compounds. Research，1994.

[2]　Bellin，J. S. and D.G. Barnes，Interim procedures for estimating risks associated with exposures to mixtures of chlorinated dibenzo-p-dioxins and-dibenzofurans（CDDs and CDFs）and 1989 update. Energy Planning Policy & Economy，1989.

[3]　Mehta，V.，K.M. Xiong and K.A. Lanham，Reproductive and Developmental Toxicity of Dioxin in Fish. Molecular & Cellular Endocrinology，2012. 354（1-2）：121-138.

[4]　Butler，R.A.，et al.，Aryl hydrocarbon receptor（AhR）- independent effects of 2,3,7,8-tetrachlorodibenzo-p-dioxin（TCDD）on softshell clam（Mya arenaria）reproductive tissue . Comparative Biochemistry & Physiology Toxicology & Pharmacology Cbp，2004. 138（3）：375-381.

[5]　Hyun-Sook，K.，et al.，Induction of Heat Shock Proteins and Antioxidant Enzymes in 2,3,7,8-TCDD-Induced Hepatotoxicity in Rats. Korean Journal of Physiology & Pharmacology Official Journal of the Korean Physiological Society & the Korean Society of Pharmacology，2012. 16（6）：469-476.

[6]　Alejandro，M.G.，et al.，2,3,7,8-Tetrachlorodibenzo-p-dioxin enhances CCl4-induced hepatotoxicity in an aryl hydrocarbon receptor-dependent manner. Xenobiotica，2013. 43（2）：161-168.

[7]　Vos，J.G.，J.A. Moore and J.G. Zinkl，Effect of 2,3,7,8-Tetrachlorodibenzo-p-Dioxin on the Immune System of Laboratory Animals. Environmental Health Perspectives，1973. 5：149-162.

[8]　Jusko，T.A.，et al.，Maternal and early postnatal polychlorinated biphenyl exposure in relation to total

serum immunoglobulin concentrations in 6-month-old infants. Journal of Immunotoxicology，2010. 8（1）：95-100.

[9]　Green，R.M.，et al.，Reactive oxygen species from the uncoupling of human cytochrome P450 1B1 may contribute to the carcinogenicity of dioxin-like polychlorinated biphenyls. Mutagenesis，2008. 23（6）：457-463.

[10]　Knerr，S. and D. Schrenk，Carcinogenicity of 2,3,7,8- tetrachlorodibenzo- p -dioxin in experimental models. Molecular Nutrition & Food Research，2006. 50（10）：897-907.

[11]　Kumar，J.，et al.，Influence of persistent organic pollutants on oxidative stress in population-based samples. Chemosphere，2014. 114（22）：303-309.

[12]　Hu，K.，N.J. Bunce，Metabolism of polychlorinated dibenzo-p-dioxins and related dioxin-like compounds. Journal of Toxicology & Environmental Health Part B Critical Reviews，1999. 2（2）：183-210.

[13]　Kubota，A.，et al.，Congener-specific toxicokinetics of polychlorinated dibenzo-p-dioxins，polychlorinated dibenzofurans，and coplanar polychlorinated biphenyls in black-eared kites（Milvus migrans）：Cytochrome P4501A-dependent hepatic sequestration. Environmental Toxicology & Chemistry，2006. 25（4）：1007-1016.

[14]　Marinković，N.，et al.，Dioxins and Human Toxicity. Archives of Industrial Hygiene and Toxicology，2010. 61（4）：445-453.

[15]　赵斌. 二噁英健康效应及毒理机制研究进展.中国化学会学术年会. 2014.

[16]　Kopf，P.G. and M.K. Walker，2,3,7,8-tetrachlorodibenzo-p-dioxin increases reactive oxygen species production in human endothelial cells via induction of cytochrome P4501A1. Toxicology & Applied Pharmacology，2010. 245（1）：91-99.

[17]　Zangar，R.C.，D.R. Davydov and V. Seema，Mechanisms that regulate production of reactive oxygen species by cytochrome P450. Toxicology & Applied Pharmacology，2004. 199（3）：316-331.

[18]　Kopf，P.G.，et al.，Cytochrome P4501A1 is required for vascular dysfunction and hypertension induced by 2,3,7,8-tetrachlorodibenzo-p-dioxin. Toxicological Sciences，2010. 117（2）：537-546.

[19]　KOPF，P.G. and M.K. WALKER，Overview of Developmental Heart Defects by Dioxins，PCBs，and Pesticides. Journal of Environmental Science and Health，Part C，2009. 27（4）：276-285.

[20]　刘刚，环境内分泌干扰物二噁英的细胞毒性作用机制研究.中国人民解放军军事医学科学院. 2010：83.

[21]　Kalyanaraman，B.，Teaching the basics of redox biology to medical and graduate students：Oxidants，antioxidants and disease mechanisms. Redox Biology，2013. 1（1）：244-257.

[22]　Zhang，B.，et al.，PCDD/Fs-induced oxidative damage and antioxidant system responses in tobacco cell suspension cultures. Chemosphere，2012. 88（7）：798-805.

[23]　Iannuzzi，L.，et al.，Chromosome fragility in two sheep flocks exposed to dioxins during pasturage. Mutagenesis，2004. 19（5）：355-359.

[24]　Mimura，J.，Y. Fujii-Kuriyama，Functional role of AhR in the expression of toxic effects by TCDD.

Biochim Biophys Acta，2003. 1619（3）：263-268.

[25] Ienaga，K.，C. Hum Park and T. Yokozawa，Daily hydroxyl radical scavenging capacity of mammals. Drug Discoveries & Therapeutics，2014. 8（2）：71-75.

[26] Chen，H.，et al. Lipid peroxidation and antioxidant status in workers exposed to PCDD/Fs of metal recovery plants. Science of The Total Environment，2006. 372（1）：12-19.

[27] Kim，J.Y.，et al.，Urinary 8-hydroxy-2'-deoxyguanosine as a biomarker of oxidative DNA damage in workers exposed to fine particulates. Environ Health Perspect，2004. 112（6）：666-671.

[28] Basu，S.，Bioactive eicosanoids: role of prostaglandin F（2alpha）and F（2）-isoprostanes in inflammation and oxidative stress related pathology. Mol Cells，2010. 30（5）：383-391.

[29] Morrow，J.D.，et al.，Increase in circulating products of lipid peroxidation（F2-isoprostanes）in smokers. Smoking as a cause of oxidative damage. N Engl J Med，1995. 332（18）：1198-1203.

[30] Hassoun，E.，et al. Production of superoxide anion，lipid peroxidation and DNA damage in the hepatic and brain tissues of rats after subchronic exposure to mixtures of TCDD and its congeners. Journal of Applied Toxicology，2001. 21（3）：211-219.

[31] Beytur，A.，et al.，Protocatechuic acid prevents reproductive damage caused by 2,3,7,8-tetrachlorodibenzo-p-dioxin（TCDD）in male rats. Andrologia，2012. 44（Supplement s1）：454-461.

[32] Nishimura，N.，et al.，Induction of metallothionein in the livers of female Sprague-Dawley rats treated with 2,3,7,8-tetrachlorodibenzo-p-dioxin. Life Sciences，2001. 69（11）：1291-1303.

[33] Bukowska，B.，Damage to erythrocytes caused by 2,3,7,8-tetrachloro-dibenzo-p-dioxin（in vitro）. Cellular & Molecular Biology Letters，2004. 9（2）：261-270.

[34] Chan，C.Y.Y.，P.M. Kim and L.M. Winn，TCDD-induced homologous recombination: the role of the Ah receptor versus oxidative DNA damage. Mutation Research/fundamental & Molecular Mechanisms of Mutagenesis，2004. 563（1）：71-79.

[35] Su-Chee，C.，et al.，Endocrine disruptor，dioxin（TCDD）-induced mitochondrial dysfunction and apoptosis in human trophoblast-like JAR cells. Molecular Human Reproduction，2010. 16（5）：361-372.

[36] Chen，S.T.，et al.，2,3,7,8-Tetrachlorodibenzo-p-dioxin modulates estradiol-induced aldehydic DNA lesions in human breast cancer cells through alteration of CYP1A1 and CYP1B1 expression. Breast Cancer，2013. 22（3）：269-279.

[37] Liu，H.H.，et al.，Lipid peroxidation and oxidative status compared in workers at a bottom ash recovery plant and fly ash treatment plants. Journal of Occupational Health，2008. 50（6）：492-497.

[38] Wen，S.，et al.，Elevated Levels of Urinary 8-Hydroxy-2'-deoxyguanosine in Male Electrical and Electronic Equipment Dismantling Workers Exposed to High Concentrations of Polychlorinated Dibenzo-p -dioxins and Dibenzofurans，Polybrominated Diphenyl Ethers，and Polychlorinated Biphenyls. Environmental Science & Technology，2008. 42（11）：4202-4207.

[39] Jin，Y.，et al.，Negative association between serum dioxin level and oxidative DNA damage markers in

municipal waste incinerator workers. International Archives of Occupational & Environmental Health，2006. 79（2）：115-122.

[40] Jong-Han，L.，et al.，Health survey on workers and residents near the municipal waste and industrial waste incinerators in Korea. Industrial Health，2003. 41（3）：181-188.

[41] Nishimura N，Miyabara Y，Suzuki J S，et al. Induction of metallothionein in the livers of female Sprague-Dawley rats treated with 2,3,7,8-tetrachlorodibenzo-p-dioxin[J]. Life sciences. 2001，69（11）：1291-1303.

[42] Wen S，Yang F，Gong Y，et al. Elevated Levels of Urinary 8-Hydroxy-2′-deoxyguanosine in Male Electrical and Electronic Equipment Dismantling Workers Exposed to High Concentrations of Polychlorinated Dibenzo-p-dioxins and Dibenzofurans，Polybrominated Diphenyl Ethers，and Polychlorinated Biphenyls[J]. Environmental Science & Technology. 2008，42（11）：4202-4207.

[43] Leem J H，Hong Y C，Lee K H，et al. Health survey on workers and residents near the municipal waste and industrial waste incinerators in Korea[J]. Ind Health. 2003，41（3）：181-188.

[44] Jin Y，Kumagai S，Tabuchi T，et al. Negative association between serum dioxin level and oxidative DNA damage markers in municipal waste incinerator workers[J]. International Archives of Occupational & Environmental Health. 2006，79（2）：115-122.

[45] Pilger A，Rüdiger H W. 8-Hydroxy-2′-deoxyguanosine as a marker of oxidative DNA damage related to occupational and environmental exposures[J]. International Archives of Occupational and Environmental Health. 2006，80（1）：1-15.

[46] Campos C，Guzmán R，López-Fernández E，et al. Urinary biomarkers of oxidative/nitrosative stress in healthy smokers[J]. Inhalation toxicology. 2011，23（3）：148-156.

[47] Yan Y，Yang J Y，Mou Y H，et al. Possible metabolic pathways of ethanol responsible for oxidative DNA damage in human peripheral lymphocytes[J]. Alcoholism：Clinical and Experimental Research. 2011，35（1）：1-9.

[48] Morrow J D，Frei B，Longmire A W，et al. Increase in circulating products of lipid peroxidation（F2-isoprostanes）in smokers. Smoking as a cause of oxidative damage.[J]. New England Journal of Medicine. 1995，332（18）：1198-1203.

9 PCDD/Fs 暴露与血清蛋白质组 iTRAQ*的关系研究

9.1 PCDD/Fs 暴露与血清蛋白质组 iTRAQ 研究国内外进展

　　蛋白质组（proteome）一词最早是由澳大利亚科学家 Wilkins 和 Williams 于 1994 年提出[1]，1995 年 7 月最早见诸 *Electrophoresis* 杂志[2]，意指一个细胞或组织中由基因组表达的全部蛋白质。蛋白质组学（proteomics）是一门大规模、高通量、系统化的研究某一类型细胞、组织、体液中的所有蛋白质组成、功能及其蛋白之间的相互作用的学科。虽然基因决定蛋白质的水平，信使核糖核酸（mRNA）只包含转录水平的调控，其表达水平并不能代表细胞内活性蛋白的水平[3]，且转录水平的分析不能反映翻译后对蛋白质的功能和活性起至关重要作用的蛋白修饰过程[4]，如酰基化、泛素化、磷酸化或糖基化等。而蛋白质组学除了能够提供量的数据以外，还能提供包括蛋白定位和修饰的定性信息。近年来，蛋白质组学技术取得了长足的发展，随着新技术的不断涌现，其应用范围也不断扩大。

　　根据研究目的和手段的不同，蛋白质组学可以分为表达蛋白质组学、结构蛋白质组学和功能蛋白质组学。表达蛋白质组学用于细胞内蛋白样品表达的定量研究，其研究技术为经典的蛋白质组学技术即双向凝胶电泳和图像分析。在蛋白质组水平上研究蛋白质表达水平的变化等是应用最为广泛的蛋白质组学的研究模式。以绘制出蛋白复合物的结构或存在于一个特殊的细胞器中的蛋白为研究目标的蛋白质组学称为"细胞图谱"或结构蛋白质组学，用于建立细胞内信号转导的网络图谱并解释某些特定蛋白的表达对细胞产生的特定作用。功能蛋白质组学以细胞内蛋白质的功能及其蛋白质之间的相互作用为研究目的，对选定的蛋白质组进行研究和描述，能够提供有关蛋白的糖基化、磷酸化，蛋白信号转导通路，疾病机制或蛋白-药物相互作用的重要信息。

　　蛋白质组学在疾病研究中的应用主要是发现新的疾病标志物，鉴定疾病相关蛋白质作为早期临床诊断的工具，以及探索疾病的发病机制和治疗途径。人类的许多疾病已经从蛋白质组学方向展开研究，并取得了一定的进展。Lei 等[5]通过 2-DE 和 MALDI-TOF MS/MS 等蛋白质组学相关技术对膀胱癌患者的尿蛋白进行分离鉴定，获得 14 个差异表达的蛋白质，这些差异表达的蛋白可能是诊断和检测膀胱癌的潜在尿标志物。Mc Kinney 等[6]应用亚细胞蛋白质组学方法对原发性和转移性的 4 个胰腺癌细胞差异表达的蛋白质进行鉴定，

---

* iTRAQ（Isobaric Tags for Relative and Absolute Quantitation），是由 AB SCIEX 公司研发的一种体外同重同位素标记的相对与绝对定量技术。

有 540 个蛋白质具有原发性癌细胞特异性，487 个具有转移部位癌细胞特异性。通过统计学分析鉴定出 134 个显著性差异表达的蛋白质，可用于进一步研究以确定其在肿瘤发生和转移过程中的作用。Tetaz 等[7]应用尿蛋白质组学方法对肾移植后 3 个月获得的 29 个尿样进行分析，鉴定出 18 个预测慢性移植肾功能障碍（CAD）的生物标志物，其中 8.860 k D 的蛋白标志物在预测 CAD 方面具有最高的诊断性能。这些生物标记物在肾移植后 3 个月即可检测出，最长可以鉴定出在移植后 4 年可能发生 CAD 的病人。Brea 等[8]应用双向电泳联合质谱技术，对 12 例心源性脑栓塞症患者和 12 例粥样硬化血栓性梗死患者的血清蛋白进行差异比较，发现触珠蛋白相关蛋白和淀粉样蛋白 A 等蛋白质在粥样硬化血栓性梗死患者中的血清水平显著升高。Wen 等[9]对人类美洲锥虫病患者的血清蛋白质组学进行了研究，以探索其潜在的病理生理学机制。通过 MALDI-TOF MS/MS 对高丰度和低丰度锥虫病患者的血清蛋白进行分析，分别获得 80 个和 14 个差异表达的蛋白质。检测出的心脏相关蛋白和黏着斑蛋白与血纤维蛋白溶酶原表达水平的增加为临床人类美洲锥虫病心肌损伤和发展的研究提供了一组比较全面的生物标志物。Kikuchi 等[10]首先应用标准的散弹蛋白质组学分析方法对非小细胞肺癌的两种主要亚型和正常肺组织进行了深入蛋白质组学分析，鉴定出许多新的可作为在诊断和治疗的分子标志物的差异表达蛋白。蛋白组学的方法可以对蛋白表达谱进行"全景式"描述，可以对一系列毒物引起的蛋白改变进行系统描述。一些研究对于 TCDD 毒性引起的蛋白改变已经开始关注[11]。对于绒猴的甲状腺进行 TCDD 处理后，和对照组相比，可以发现某种蛋白质显著下调，这些蛋白质和免疫功能的改变有关。Ryuta Ishimura 应用双向电泳技术检测暴露于 TCDD 的蛋白质改变，并且通过这些表达改变的蛋白质，得知在怀孕末期，胎盘处于缺氧状态[12]。Sarioglu H 对于 5 L 老鼠肝脏细胞 TCDD 染毒，进行蛋白组学分析，结果揭示出 TCDD 会影响细胞的稳态和再生[13]。Son 等学者认为经鉴定的某些表达改变的蛋白可以作为二噁英暴露的生物标志物，并且有助于进一步研究 PCDD/Fs 的毒性机制[14]。通过向鸡卵内注入，Veerle Bruggeman 学者对 1 d 龄小鸡的卵巢进行蛋白组学研究，发现与氧化应激、凝血、钙调节和电子转移有关的差异蛋白[15]，但是有关暴露于 PCDD/Fs 人血清蛋白质组学的相关研究较为少见。

9.2　PCDD/Fs 暴露和血清蛋白质组 iTRAQ 的研究设计与方法

9.2.1　研究对象

按照工人的暴露浓度不同分为高暴露组（T3）、中暴露（T2）、低暴露（T1）三组，分别选取化工厂 5 km 范围内居民作为对照组（C2）；神农架地区居民作为清洁对照组（C1）。

表 9-1　研究对象信息和血清中 PCDD/Fs 含量

	C1	C2	T1	T2	T3
人数/人	10	10	7	7	3
TEQ/（pg/g 脂肪）	<10	10～25	25.1～65	65.1～650	>650

9.2.2　研究方法

（1）实验仪器

Q-Exactive 质谱仪：Thermo Finnigan；AKTA Purifier 100 纯化仪：GE Healthcare；低温高速离心机：Eppendorf 5430R；可见紫外分光光度计：尤尼柯 WFZ UV-2100；真空离心浓缩仪：Eppendorf Concentrator plus；600V 电泳仪：GE Healthcare EPS601。

（2）药品试剂

甘油（G0854 生工/500 ml）、溴酚蓝（161-0404 生工）、SDS（161-0302 Bio-Rad）；Urea（161-0731 Bio-rad）、Trisbase（161-0719 Bio-rad）、DTT（161-0404 Bio-rad）；IAA（Bio-rad，163-2109）、KH_2PO_4（10017618 国药）、KCl（10016318 国药）；HCl（10011018 国药）、NH_4HCO_3（Sigma，A6141）；iTRAQ Reagent-8plex Multiplex Kit（AB SCIEX）、Acetonitrile，ACN（I592230123 Merck）；30kd 超滤离心管（Sartorius）、C_{18} 墨盒（66872-U sigma）；5X 上样缓冲液（10%SDS、0.5%溴酚蓝、50%甘油、500 mmol/LDTT、250 mmol/L TrisHCl pH6.8）；SDT 缓冲液：4%SDS、100 mmol/L Tris-HCl、1 mmol/L DTT、pH7.6；UA 缓冲液：8 mol/L 尿素、150 mmol/L Tris-HCl、pH 8.0；溶解缓冲液（AB SCIEX）；SCX 缓冲液 A：10 mmol/L KH_2PO_4 pH 3.0、25% ACN；SCX 缓冲液 B：10 mmol/L KH_2PO_4 pH 3.0、500 mmol/L KCl、25% ACN。

（3）药品制备

1）制备方法

蛋白质提取和定量方法。

2）十二烷基硫酸钠-聚丙烯胺凝胶电泳（SDS-PAGE）

每份样品各取 20 μg 蛋白质样品，5∶1（体积比）加入 6X 上样缓冲液，沸水浴 5 min，离心 14 000 g 10 min 取上清，进行 12.5% SDS-PAGE。电泳条件为恒流 5 mA，电泳时间为 90 min。考马斯亮蓝染色。

（4）酶解和肽段定量

取 200 μg 样品，加入 200 μl UA 缓冲液（8 mol/L Urea，150 mmol/L Tris-HCl pH8.0）混匀，转入 30 kd 超滤离心管，离心 14 000 g 15 min。加入 200 μl UA 缓冲液离心 14 000 g 15 min，弃滤液。加入 100 μl IAA（50 mmol/L IAA in UA），600 r/m 振荡 1 min，室温避光 30 min，离心 14 000 g 10 min。加入 100 μl UA 缓冲液，离心 14 000 g 10 min 重复 2 次。加入 100 μl 溶解缓冲液，离心 14 000 g 10 min 重复 2 次。加入 40 μl 胰蛋白酶缓冲液（40 μl 溶解缓冲液中有 2 μg 胰蛋白酶），600 r/m 振荡 1 min，37℃ 16～18 h。7/17 换新收集管，

离心 14 000 g 10 min，取滤液，OD280 肽段定量[3]。

（5）肽段标记

各组样品分别取约 70 μg，按照 AB 公司试剂盒：iTRAQ Reagent-8plex Multiplex Kit（AB SCIEX）说明书进行标记，标记方法见表 9-2。

表 9-2　样品标记

编号	1	2	3	4	5	6	7	8
标记	113	114	115	1161	117	118	119	121

（6）SCX 分级

仪器：AKTA Purifier 100（GE Healthcare）；Column：Polysulfoethyl 4.6×100 mm column ［5 μm，200Å（PolyLCInc，Maryland，U.S.A.）］；缓冲液：缓冲液 A 为 10 mmol/L KH_2PO_4 pH 3.0，25% CAN，缓冲液 B 为 10 mmol/L KH_2PO_4 pH 3.0、500 mmol/L KCl、25% CAN。

标记后的所有肽段混合，进行 SCX 预分级。

表 9-3　SCX 分级

时间/min	缓冲液 A/（%）	缓冲液 B/（%）	流速/（μl/min）
0.00	100	0	1 000
25.00	100	0	1 000
25.01	100	0	1 000
32.00	90	10	1 000
32.01	90	10	1 000
42.00	80	20	1 000
42.01	80	20	1 000
47.00	55	45	1 000
47.01	55	45	1 000

每次 SCX 分级后，收集穿流及洗脱组分约 30 份，根据 SCX 色谱图合并成 10 份，冻干后 C_{18} 墨盒（Sigma-Aldrich 公司）脱盐。

（7）质谱分析

1）毛细管高效液相色谱

每份样品采用纳升流速 HPLC 液相系统 Easy nLC 进行分离。缓冲液：A 液为 0.1%甲酸水溶液，B 液为 0.1%甲酸乙腈水溶液（乙腈为 84%）。色谱柱以 95%的 A 液平衡。样品由自动进样器上样到上样柱（Thermo scientific EASY column：2cm*100 μm 5 μm-C_{18}），再经分析柱（Thermo scientific EASY column：75 μm*100 mm 3 μm-C_{18}）分离，流速为 250 nl/min。相关液相梯度如下：0～100 min，B 液线性梯度从 0%～45%；100～108min，B 液线性梯度从 35%～100%；108～120 min，B 液维持在 100%。

2）质谱鉴定

每份样品经毛细管高效液相色谱分离后用 Q-Exactive 质谱仪（Thermo Finnigan 公司）进行质谱分析。分析时长：120 min，检测方式：正离子，母离子扫描范围：300～1 800 m/z，一级质谱分辨率：70 000 at m/z 200，AGC 靶标：3e6，一级最大 IT：10 ms，扫描范围：1，动态排除：40.0 s。多肽和多肽的碎片的质量电荷比按照下列方法采集：每次全扫描后采集 10 个碎片图谱（MS2 scan），MS2 激活类型：HCD，隔离窗：2 m/z，二级质谱分辨率：17 500 at m/z 200，微扫描：1，二级最大 IT：60 ms，碰撞能量归一化：30eV，底部填充系数：0.1%。

9.3　PCDD/Fs 暴露与血清蛋白质组 iTRAQ 的研究结果

9.3.1　蛋白质定量实验结果统计

符合表达差异倍数大于 1.2 倍（上下调）且 P 值小于 0.05 筛选标准的蛋白质视为差异表达蛋白质。

表 9-4　蛋白质定量实验结果统计

差异比较组	上调差异表达蛋白质	下调差异表达蛋白质	所有差异表达蛋白质
C2/C1	44	26	70
T1/C1	63	56	119
T2/C1	72	51	123
T3/C1	85	74	159

注：C1 为清洁对照组；C2 为普通对照组；T1 为低暴露组；T2 为中暴露组；T3 为高暴露组。

9.3.2　鉴定和定量结果评估

（1）肽段离子得分分布

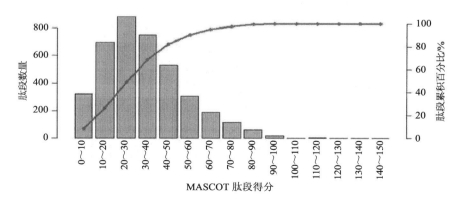

图 9-1　肽段离子得分分布

（2）蛋白质相对关分子质量分布

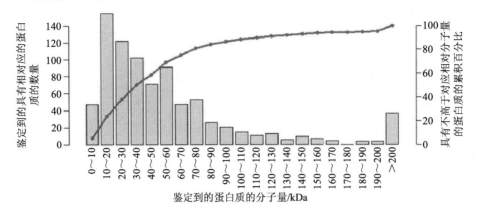

图 9-2　蛋白质相对关分子质量分布

（3）蛋白质等电点分布

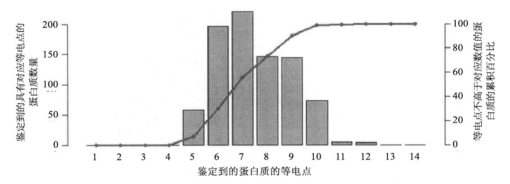

图 9-3　蛋白质等电点分布

（4）肽段序列长度分布

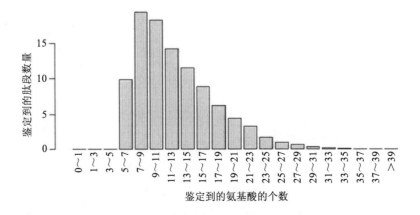

图 9-4　肽段序列长度分布

（5）肽段序列覆盖度

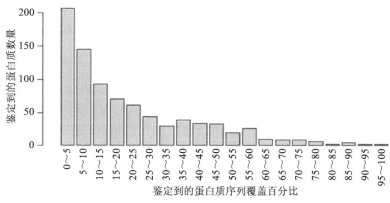

图 9-5　肽段序列覆盖度

该图显示鉴定到的不同覆盖度的蛋白质比例分布情况。

9.3.3　生物信息学分析

（1）显著差异性分析

原始数据中质谱定性到的蛋白质共计 846 个，其中以筛选标准比例＞±1.2 且 P 值＜0.05 筛选的差异表达蛋白质数目见表 9-5。

表 9-5　差异表达蛋白质列表

组别	差异蛋白数目/个
C1～C2	70
C1～T1	119
C1～T2	123
C1～T3	159

（2）Gene Ontology（GO）注释

利用 GO 软件从细胞组分、生物学过程和分子功能三方面对本次实验鉴定，并对定量的蛋白进行分析，以了解不同组间血清蛋白间的差异。差异蛋白中参与生物调节、细胞生理过程、刺激反应以及新陈代谢等生物学过程的蛋白较多；分子功能方面的分析显示，黏附功能和分子功能调节方面的蛋白较多；在细胞组分的分类中，这些差异蛋白多分布于细胞外、细胞器内。高暴露组、中暴露组、低暴露组分别与清洁对照组共同鉴定到的上百种差异蛋白进行 GO 分析显示（如图 9-6 至图 9-9 所示），差异蛋白主要参与细胞过程、生物调节、刺激反应以及新陈代谢等生物学过程；分子功能分析中显示其主要功能多与黏附、催化活性有关，在细胞组分的分类中，差异蛋白同样多分布于细胞外、细胞器内。

居民对照组与清洁对照组相比，其中生物学过程相关蛋白主要集中在单有机体过程、生物调节、刺激反应以及细胞生理过程等生物学过程；在分子功能方面的分析显示，结合功能、分子功能调节和催化活性方面的蛋白较多；在细胞组分分析中，差异蛋白主要分布于胞外区、细胞器和细胞内。

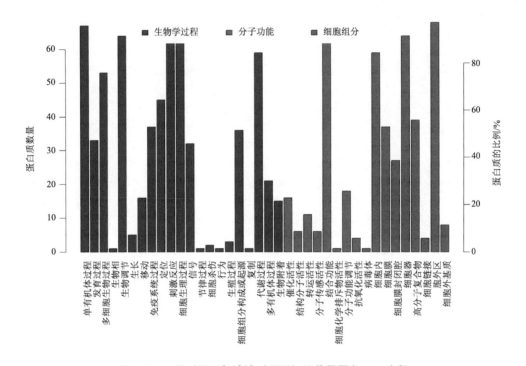

图 9-6　居民对照组与清洁对照组相比差异蛋白 GO 注释

如图 9-7 所示，低暴露组与对照组相比，其中生物学过程相关蛋白主要集中在单有机体过程、生物调节、细胞生理过程、刺激反应以及代谢过程等生物学过程；在分子功能方面的分析显示，结合功能、催化活性、分子功能调节和转运活性方面的蛋白较多；在细胞组分分析中，差异蛋白主要分布于胞外区、细胞器和细胞内。

如图 9-8 所示，中暴露组与对照组相比，其中生物学过程相关蛋白主要集中在单有机体过程、生物调节、刺激反应、细胞生理过程等生物学过程；在分子功能方面的分析显示，结合功能、催化活性、分子功能调节、转运活性、分子传感器调节功能方面的蛋白较多；在细胞组分分析中，差异蛋白主要分布于胞外区、细胞器和细胞内。

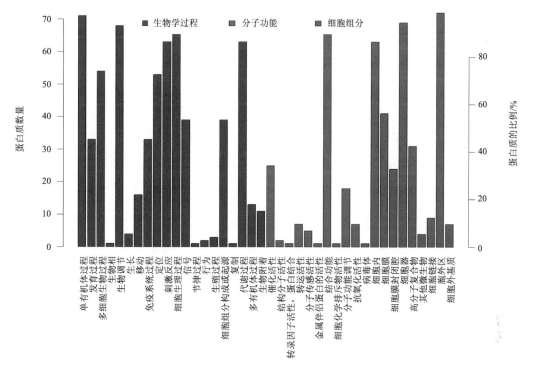

图 9-7　低暴露组与清洁对照组相比差异蛋白 GO 注释

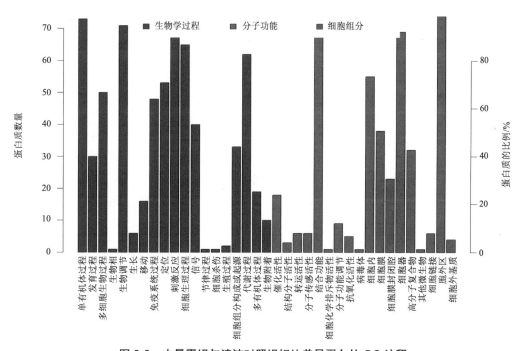

图 9-8　中暴露组与清洁对照组相比差异蛋白的 GO 注释

如图 9-9 所示,高暴露组与对照组相比,其中生物学过程相关蛋白主要集中在单有机体过程、生物调节、刺激反应、细胞生理过程等生物学过程;在分子功能方面的分析显示,结合功能、催化活性、分子功能调节、转运活性方面的蛋白较多;在细胞组分分析中,差异蛋白主要分布于胞外区、细胞器、细胞内和细胞膜上。

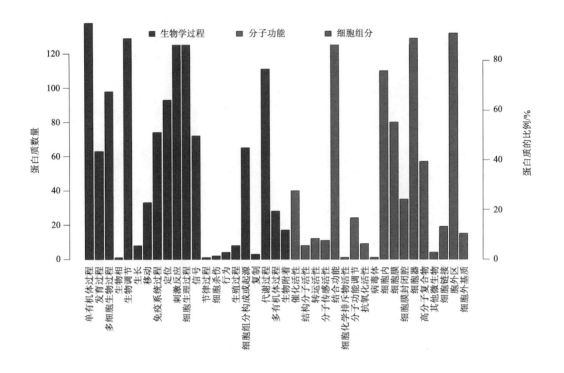

图 9-9 高暴露组与清洁对照组相比差异蛋白的 GO 注释

（3）差异表达蛋白质 KEGG 通路富集分析

KEGG 通路富集分析方法,即以 KEGG 通路为单位,以所有定性蛋白质为背景,通过 Fisher 精确检验（Fisher's Exact Test）,来分析计算各个通路蛋白质富集度的显著性水平,从而确定受到显著影响的代谢和信号转导途径。

如图 9-10 所示,居民对照组与清洁对照组相比,其差异蛋白主要富集在脂肪的消化与吸收通路、维生素的消化与吸收通路、PPAR 信号通路、光传导通路、cGMP-PKG 信号通路、补体系统通路、血小板激活通路。

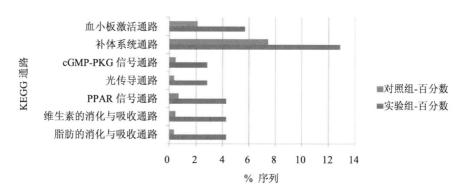

图 9-10　居民对照组与清洁对照组间差异蛋白显著富集的 KEGG 通路

　　如图 9-11 所示，低暴露组与清洁对照组相比，其差异蛋白主要富集在脂肪消化与吸收通路、帕金森病通路、维生素消化与吸收通路、补体系统通路、PPAR 信号通路、PI3K-Akt 信号通路。

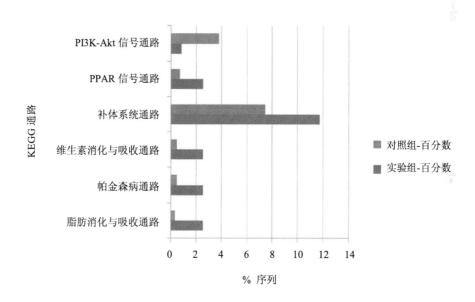

图 9-11　低暴露组与清洁对照组间差异蛋白显著富集的 KEGG 通路

　　如图 9-12 所示，中暴露组与清洁对照组相比，差异蛋白主要富集在脂肪消化与吸收通路、PPAR 信号通路、维生素消化与吸收通路以及 PI3K-Akt 信号通路。

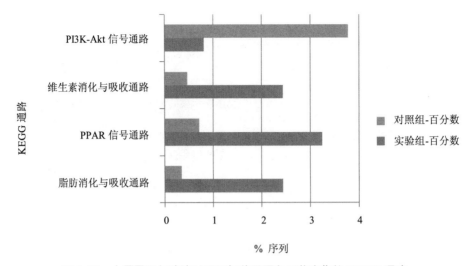

图 9-12　中暴露组与清洁对照组间差异蛋白显著富集的 KEGG 通路

如图 9-13 所示，高暴露组与清洁对照组相比，其差异蛋白主要富集在脂肪消化与吸收通路、酒精中毒通路、EB 病毒感染通路、百日咳通路、维生素消化与吸收通路、补体系统通路、系统性红斑狼疮通路。

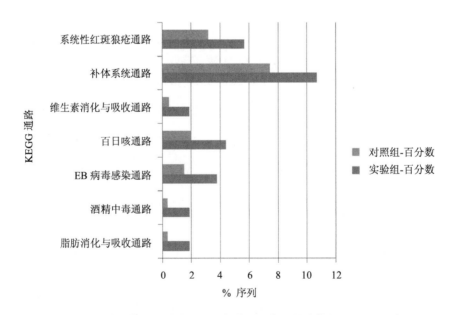

图 9-13　高暴露组与清洁对照组间差异蛋白显著富集的 KEGG 通路

9.4　研究结论与意义

从鉴定到的差异蛋白的个数和类型来看，参与生物调节、细胞生理过程、刺激反应以及新陈代谢等生物学过程的蛋白较多，这些蛋白的具体功能和影响途径需进一步进行研究。

蛋白质组学相关技术的发展极大地推动了蛋白质组学的研究进展，使其在各研究领域得到了广泛的应用。本研究通过探索人体 PCDD/Fs 内暴露水平与人血清蛋白质组学的分析，筛选与 PCDD/Fs 暴露相关的生物标志物，构建内暴露检测技术与方法，通过检测某种特异性蛋白来预测 PCDD/Fs 暴露对人体造成的损伤，为切实保护高污染行业/高暴露地区特定人群的健康提供科学依据。

参考文献

[1]　Pandey，A.，M. Mann，roteomics to study genes and genomes. Nature，2000. 405（6788）：837-846.

[2]　Wasinger，V.C.，et al.. Progress with gene-product mapping of the Mollicutes：Mycoplasma genitalium. Electrophoresis，1995. 16（7）：1090-1094.

[3]　Anderson，L.，J. Seilhamer，A comparison of selected mRNA and protein abundances in human liver. Electrophoresis，1997. 18（3-4）：533-537.

[4]　Humphery-Smith，I.，S.J. Cordwell，W.P. Blackstock，Proteome research：complementarity and limitations with respect to the RNA and DNA worlds. Electrophoresis，1997. 18（8）：1217-1242.

[5]　Lei，T.，et al.. Discovery of potential bladder cancer biomarkers by comparative urine proteomics and analysis. Clin Genitourin Cancer，2013. 11（1）：56-62.

[6]　McKinney，K.Q.，et al.. Identification of differentially expressed proteins from primary versus metastatic pancreatic cancer cells using subcellular proteomics. Cancer Genomics Proteomics，2012. 9（5）：257-263.

[7]　Tetaz，R.，et al.. Predictive diagnostic of chronic allograft dysfunction using urinary proteomics analysis. Ann Transplant，2012. 17（3）：52-60.

[8]　Brea，D.，et al.. Usefulness of haptoglobin and serum amyloid A proteins as biomarkers for atherothrombotic ischemic stroke diagnosis confirmation. Atherosclerosis，2009. 205（2）：561-567.

[9]　Wen，J.J.，et al.. Serum proteomic signature of human chagasic patients for the identification of novel potential protein biomarkers of disease. Mol Cell Proteomics，2012. 11（8）：435-452.

[10]　Kikuchi，T.，et al.. In-depth proteomic analysis of nonsmall cell lung cancer to discover molecular targets and candidate biomarkers. Mol Cell Proteomics，2012. 11（10）：916-932.

[11]　Sarioglu，H.，et al.. Analysis of 2,3,7,8-tetrachlorodibenzo-p-dioxin-induced proteome changes in 5L rat hepatoma cells reveals novel targets of dioxin action including the mitochondrial apoptosis regulator VDAC2. Mol Cell Proteomics，2008. 7（2）：394-410.

[12] Mutoh，J.，et al.. Fetal pituitary gonadotropin as an initial target of dioxin in its impairment of cholesterol transportation and steroidogenesis in rats. Endocrinology，2006. 147（2）：927-936.

[13] Yoshida，M.，et al.. Reduction of primordial follicles caused by maternal treatment with busulfan promotes endometrial adenocarcinoma development in donryu rats. J Reprod Dev，2005. 51（6）：707-714.

[14] Khorram，O.，M. Garthwaite，T. Golos，Uterine and ovarian aryl hydrocarbon receptor（AHR） and aryl hydrocarbon receptor nuclear translocator（ARNT） mRNA expression in benign and malignant gynaecological conditions. Mol Hum Reprod，2002. 8（1）：75-80.

[15] Gray，L.E.，Jr.，J.S. Ostby，In utero 2,3,7,8-tetrachlorodibenzo-p-dioxin（TCDD） alters reproductive morphology and function in female rat offspring. Toxicol Appl Pharmacol，1995. 133（2）：285-294.

10 典型行业环境 PCDD/Fs 人体暴露评估技术研究

在前述研究的基础上，为开展钢铁铸造、氯化工和垃圾焚烧等产生 PCDD/Fs 污染的典型行业的个体 PCDD/Fs 暴露水平评估，编写了 PCDD/Fs 人体暴露评估技术。启动 PCDD/Fs 评估前，通过行业的生产原料和主要生产工艺的调查，判断是否产生或者存在 PCDD/Fs 的污染。根据生产工艺过程和废水、废气、废渣的排放，分析受 PCDD/Fs 污染影响的人群的数量、性别和年龄等。

PCDD/Fs 人体暴露评估工作的内容包括：危害识别、暴露途径分析、暴露剂量测定、暴露评估的计算和暴露健康风险评估。PCDD/Fs 人群暴露评估程序见图 10-1。

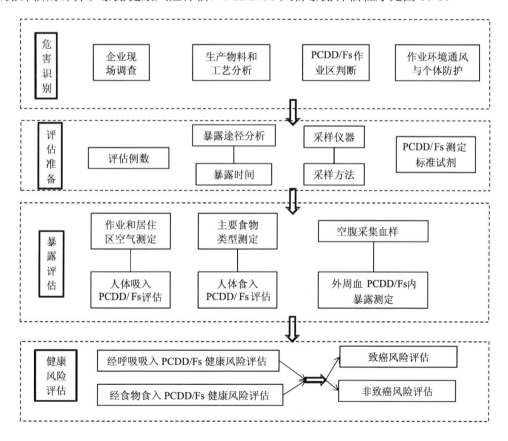

图 10-1 典型行业 PCDD/Fs 人体暴露评估工作程序

10.1　PCDD/Fs 危害识别

在拟评价的行业中确定评价的企业，进行企业现场调查，收集企业生产的相关资料和数据，通过对生产物料和生产工艺过程资料的分析，判断是否存在 PCDD/Fs 的产生和排放，确定存在 PCDD/Fs 暴露的作业点和区域。

10.2　PCDD/Fs 暴露途径分析

PCDD/Fs 的人体暴露途径主要包括：呼吸道吸入、消化道摄入、皮肤吸收。依据现场调查分析获得的 PCDD/Fs 产生和排放方式，PCDD/Fs 产生后易被环境空气中颗粒物吸附，少量以气态存在于环境空气中。因此，典型行业中 PCDD/Fs 的主要暴露途径是呼吸道吸入，次要暴露途径是经皮肤被动吸收。由于皮肤角质层具有阻挡 PCDD/Fs 通过的作用，实际能经完整皮肤进入人体的有效剂量相对很低。正常情况下，无经消化道摄入 PCDD/Fs 的情况。

PCDD/Fs 是环境污染物，除典型行业产生的 PCDD/Fs 外，居住区自然环境空气和食物中也存在 PCDD/Fs，因此，个体 PCDD/Fs 暴露还包括生活环境空气中 PCDD/Fs 的吸入和通过食物的摄入。

10.3　PCDD/Fs 暴露剂量测定

PCDD/Fs 暴露剂量测定包括生产环境空气和居住环境空气中 PCDD/Fs 的采样和测定，评估对象主要摄入食物中 PCDD/Fs 的采样和测定。测定步骤包括：采样前准备，采样仪器和收集器、采样点的选择与采样，样品的保存与运输，样品的前处理，PCDD/Fs 的测定。

有条件采集评估对象外周血时，可直接进行个体内暴露剂量测定，测定步骤包括：采样对象的选择，血样的采集，血样的保存与运输，血样的前处理，血中 PCDD/Fs 的测定。

10.4　PCDD/Fs 暴露评估

在危害识别和暴露途径分析的基础上，测定环境空气和食物中 PCDD/Fs 外暴露浓度，结合呼吸量和食物摄入种类及分量计算不同途径摄入形成的 PCDD/Fs 暴露量，汇总吸入和食入的 PCDD/Fs 量为总 PCDD/Fs 外暴露量。

采集评价对象的外周血样，测定外周血血清中 PCDD/Fs 的浓度，可作为个体的 PCDD/Fs 累积内暴露量。

10.5　PCDD/Fs 暴露健康风险评估

采用风险评估模型计算不同暴露途径下 PCDD/Fs 总暴露的风险值，判断计算得到的风险值是否超过可接受风险水平。如风险值未超过可接受风险水平，则结束风险评估工作；否则，分别计算 PCDD/Fs 基于致癌风险和非致癌风险的风险控制值，提出 PCDD/Fs 的风险控制值。

10.6　PCDD/Fs 危害识别和评估准备

PCDD/Fs 主要来源工业生产过程，存在 PCDD/Fs 污染的生产过程至少包括：化工、废物焚烧、造纸、钢铁、冶金、铸铁、焦炭、水泥。在评估之前应进行企业现场调查，收集企业的相关资料和数据，材料主要包括：

（1）生产过程中使用的原料、辅料、中间产物、产品和副产品的名称、成分、用量、纯度、杂质及其理化性质等。重点收集其中氯化合物或者含氯材料的含量。

（2）生产工艺过程包括原料投入方式、生产工艺、加热温度和时间、生产方式和生产设备的完好程度等。劳动者的工作状况，包括暴露 PCDD/Fs 的劳动者人数、在工作地点停留时间、工作方式、可接触 PCDD/Fs 的程度、频度及持续时间等。

（3）车间的空间和通风情况、工作地点的温度和空气流动情况。

（4）工作地点的环境条件、职业卫生防护设施及其使用情况、个人防护设施及使用情况等。

（5）劳动者工作组织、工作方式和工作时间、接触原料或产品的途径、剂量等。

10.7　典型行业 PCDD/Fs 人体吸入评估技术

典型行业 PCDD/Fs 的吸入包括生产环境空气中 PCDD/Fs 的吸入和生活环境中 PCDD/Fs 的吸入。

10.7.1　生产环境中 PCDD/Fs 浓度的测定

生产环境空气中 PCDD/Fs 的测定包括现场采样、样品运输和保存、样品的实验室测定等步骤。

（1）采样点的选择原则

在企业中选择有代表性的工作地点，应包括 PCDD/Fs 浓度最高、劳动者暴露时间最长的工作地点。在不影响劳动者工作的情况下，采样点尽可能靠近劳动者，采样高度接近劳动者工作时的呼吸带，站位工作为 1.5 m，坐位工作为 1.1 m。

采样点应设在工作地点的下风向，远离排气口和可能产生涡流的地点。

（2）采样仪器和滤料的准备

采用大流量空气采样器，采样流量不低于 100 L/min，采样前校正空气采样器的采样流量，同时，校正定时装置。采样仪器的性能和技术指标满足 GB/T 17061。

采样滤料包括滤纸和聚氨酯泡沫塑料。滤纸在采样前用铝箔将滤纸包好，留开口，400℃下加热 6 h，滤纸不能有折痕。处理好的滤纸用铝箔密封保存。聚氨酯泡沫塑料（PUF）用沸水烫洗，再放入温水中反复洗净，空干水分后，用丙酮在超声波池中清洗 3 次，每次 30 min，再用丙酮索氏提取 16 h 以上。清洗后的 PUF 在真空干燥器中 50℃以下加热 8 h，保存在密封的 PUF 充填管中。

（3）现场采样

采样必须在正常工作状态和环境下进行，避免人为因素的影响。根据环境空气中 PCDD/Fs 的浓度水平的大致范围，在采样点放置装有滤纸和 PUF 的采样器，以稳定流量连续采样 24～72 h。现场采样按照 GBZ 159 执行，采样步骤参照 GBZ/T 192.1。

采样前添加采样内标，用微量加样器取 1.0 ng 采样内标加于 PUF 上，要求采样内标物质的回收率为 70%～130%，超过此范围要重新采样。

（4）样品的运输与保持

采样结束后尽量在阴暗处拆卸采样装置，避免外界的污染，将 PUF 放入充填管中密封，滤纸采样面向里对折，用铝箔包好，皆置于清洁容器中运输和保存，样品尽量冷冻保存。

（5）样品的实验室测定和计算

样品的前处理和 PCDD/Fs 的实验室高分辨气相色谱—高分辨质谱法测定和毒性当量计算参照 HJ 77.2 执行。

（6）生活环境中 PCDD/Fs 浓度的测定

在典型行业研究对象的居住区选择能代表整体环境的采样点，采样点均匀分布，一般位于居住区常年主导风向的下风向。采样点四周避开高层建筑，采样高度为 1.5 m。

采样仪器、滤料处理、采样持续时间、样本运输保存和实验室测定方法等同生产场所环境空气中 PCDD/Fs 采样。

（7）PCDD/Fs 暴露时间和肺通气量

问卷收集评估对象在生产环境中，每日停留的作业点和停留时间，在居住区每日停留时间。

生活活动中，呼吸次数随体力劳动强度而增加，在企业现场调查评估对象的作业方式，按 GBZ/T 189.10 划分作业的体力劳动强度分级，劳动强度按从轻致极重可分为 4 级。依据劳动强度按表 10-1 估算个体肺通气量。日常生活的肺通气量按非体力劳动计算。

表 10-1　不同体力劳动强度的肺通气量取值

体力劳动强度级别	男性肺通气量/（m³/h）	女性肺通气量/（m³/h）
非体力劳动	0.5	0.4
Ⅰ（轻）	1.0	0.8
Ⅱ（中）	2.5	2.3
Ⅲ（重）	3.5	3.2
Ⅳ（极重）	6.0	5.5

10.7.2　PCDD/Fs 人体吸入评估

依据个体生产环境的劳动强度，以及在生产和生活环境中停留的时间进行 PCDD/Fs 人体吸入暴露的计算和评估，推荐评估模型见公式 10-1。同时应记录个体性别、年龄、体重、从事工作的工种和工龄。

$$Inh = \frac{V \times C \times T \times f_r}{W} + \frac{V_w \times C_w \times T_w \times f_r}{W} \qquad (10\text{-}1)$$

式中，Inh 为 PCDD/Fs 的吸入量，pg TEQ/[kg（体重）·d]；V 为平时肺通气量，m³/h；V_w 为工作时肺通气量，m³/h；C 为生活环境空气中 PCDD/Fs 浓度，pg TEQ/m³；C_w 为生产环境空气中 PCDD/Fs 浓度，pg TEQ/m³；T 为每天非工作时间，h；T_w 为每天工作时间，h；f_r 为肺残气量，用 75%；W 为评估对象的体重，kg。

10.8　典型行业 PCDD/Fs 人体食入评估技术

典型行业 PCDD/Fs 通过食物食入的量依据评估对象各类食物的日均摄入量和各类食物中 PCDD/Fs 量进行评估。

10.8.1　不同类型食物中 PCDD/Fs 含量测定

（1）不同类型食物的采集

依据评估地区各类膳食消费调查数据，确定采集食物样品的种类，主要种类应包括：畜禽、蛋、奶、水产品和蔬菜。食物来源于被评估对象日常购买食物的市场或者超市，按下述方法采集食物样品。

1）畜禽类样品采样

大型畜禽（牛、羊等）选择背、腿混合样 1 kg；小型畜禽（鸡、鸭、鹅）选择畜禽的背部、胸部、腿部上的一半带皮肌肉切下，选取各畜禽内脏（包括心脏、肝脏、胃部）的一半组织，将这两部分混合作为一个样。

2）蛋类样品采样

随机选取 1 kg 新鲜蛋类作为一个样品。正常新鲜蛋外壳完整、洁净，内壳全白、无斑点或污浊，卵白透明、卵黄不裂、卵白卵黄分明、无血丝、无异臭味等。

3）奶类样品采集

购买主要品牌奶制品 1 L，混合成一个样品。

4）水产品类样品采集

按当地主要消费水产种类购买鲜鱼、虾、螺、蚌等 1 kg 混合样品。体重在 500 g 左右的，个体数不少于 5 个，250 g 以下的个体数不少于 10 个。鱼去除鳞和鳃等不可食部位，沿脊椎纵剖后取其 1/2 或数分之一（50 g 以下者取整体），剔去刺骨，切碎混匀。螺、蚌等贝类去硬壳，取其肌体（肉组织），切碎混匀成一个样。

5）蔬菜样品采集

按当地居民经常食用的前 5 类蔬菜各 200 g，切碎混合成一样。

（2）食物的运输与保存

样品用锡箔纸和聚乙烯食品塑料盒密封包装，避免受到外环境的污染，低温运输回实验室，除蛋类低温保存外，其余食品-20℃保存。

（3）食物中 PCDD/Fs 测定

食物样品前处理（提取、净化、浓缩）、仪器分析、数据处理以及质量控制和质量保证等操作参照 GB 5009.205－2013 执行。

（4）食物摄入情况调查

采用膳食回顾法对研究对象进行询问调查，估计被调查者在过去一段时间内食用的主要食物的种类、食用次数和食用量，评价个体各类膳食摄入量。

（5）PCDD/Fs 人体吸入评估

评估对象通过食物摄入的 PCDD/Fs 量按下式计算：

$$E = \frac{\sum_{i=1}^{n} C_i \times F_i}{B_w} \tag{10-2}$$

式中，E 为研究对象经膳食暴露摄入 PCDD/Fs 的量，pg TEQ/[kg（体重）·d]；C_i 为第 i 类食品中 PCDD/Fs 的含量，pg TEQ/g；F_i 为第 i 类食品的日消费量，g/d；B_w 为被评估对象的体重，kg。

10.9 典型行业 PCDD/Fs 人体内暴露评估技术

测量外周血中 PCDD/Fs 水平进行典型行业 PCDD/Fs 的人体内暴露评估。

10.9.1　血样的采集

被评估对象身体条件良好，采血时无发热、腹泻等急性疾病，禁食 8 h 以上，空腹抽取外周血 5 ml 以上，采血管贴上标签纸，记录采血编码和时间。

外周血采集需具备资质人员进行，采血针和真空采血管均保持无菌。

10.9.2　血样的运输与保存

血样在低温、无剧烈振荡的条件下运送到实验室，静置 4 h，低温离心机离心 10 min（转速 3 000 r/min），吸取血清保存于 EP 管，EP 管置于−20℃低温冰箱保存。

10.9.3　外周血的前处理

PCDD/Fs 测定前，取出待测血清样品，平衡至室温，测定其血清体积，平铺在玻璃平皿或玻璃烧杯中。用锡箔纸封口，编号，放入−20℃冰箱冷冻至少 1 h。拿出样本，放入冷冻干燥机中，在温度−40℃，压力 0.02 Mbar 的条件下进行冷冻干燥，直至完全冻干，然后放入干燥器中备用。

采用加速溶剂萃取法进行样品提取，先用二氯甲烷和正己烷分别清洗萃取池 1 次，然后放入与萃取池截面等大的醋酸纤维素滤膜 1 张。将冻干后的血清样品与硅藻土混匀后放入萃取池中，硅藻土高度距萃取池口 1 cm 左右为宜。在萃取池中加入 10 μl $^{13}C_{12}$ 标记的定量内标，盖上醋酸纤维素滤膜，密闭后，放于萃取仪上，以正己烷∶二氯甲烷（1∶1，体积比）为溶剂提取。参考条件为温度 130℃；压力 100 bar；循环 2 次，第 1 次循环加热时间为 5 min，静态时间为 5 min；第 2 次循环加热时间为 2 min，静态时间为 10 min。

萃取的提取液经旋转蒸发浓缩至 3～5 ml，再进行样本净化，净化方法参照 HJ 77.2 执行。

10.9.4　外周血中 PCDD/Fs 测定

血清中 PCDD/Fs 类化合物含量极低，一般在 pg 级，甚至在 fg 级以下，且血清中内容复杂，前处理要求高。本研究在常用的提取脂肪、净化以及检测方法中，经过预实验，根据回收率以及质控样的评估，最终选择了加速溶剂萃取-全自动生化分析仪-同位素标记高分辨气相色谱高分辨质谱法。具体操作步骤如下：

（1）加速溶剂萃取

方法参见 2.3.2（3）部分内容。

（2）全自动样品净化系统自动净化分离

方法参见 2.3.2（4）部分内容。

（3）微量浓缩与溶剂交换

将茄型瓶中浓缩的洗脱液转移至色谱进样瓶中，并用正己烷洗茄型瓶 3 次，置于氮气浓缩器（45℃，调节氮气流引起液面轻微振动为止）下浓缩至 100 μl，然后转移至有 20 μl 壬烷的 200 μl 规格的锥形衬管中，并用正己烷洗脱 3 次。该锥形衬管放置在带聚四氟乙烯硅胶垫的棕色螺口瓶中，置于氮气浓缩器（45℃，调节氮气流引起液面轻微振动为止）下吹氮浓缩至 20 μl。将棕色螺口瓶密封后，标记编号，放置于−20℃暗环境中保存，在进样前加入规定量的 PCDD/Fs 回收率内标溶液。

（4）HRGC/HRMS 分析

1）色谱条件

进样：PTV 进样口；进样量：5 μl；色谱柱：DB-5 ms（5%二苯基-95%二甲基聚硅氧烷）色谱柱（柱长 60 m、内径 0.25 mm、液膜厚度 0.25 μm）；色谱柱温度：60℃（保持 2.2 min），以 70℃/min 升至 220℃（保持 15 min），以 2.0℃/min 升至 250℃（保持 0 min），以 1.0℃/min 升至 260℃（保持 0 min），以 20℃/min 升至 310℃（保持 11 min）；载气：恒流，0.8 ml/min。传输线温度：300℃。

2）质谱条件

分辨率 10 000，EI 电离源，电离能量：35eV，SIM，源温：250℃。PCDD/Fs 类化合物定量测定监测离子具体参见 GB/T 5009.205−2007。

（5）质控

仪器的清洗：为了控制实验室内 PCDD/Fs 的本底和避免实验样本出现交叉污染，对所有重复使用到的器皿和仪器均在短时间内清洗。首先倾倒里边内容物，用自来水冲洗后加入洗洁精放入超声波清洗机中清洗一遍，随后用清水清洗，再在纯净水中超声清洗。所有玻璃器皿和仪器在使用前均用二氯甲烷和正己烷润洗。

加标和空白：每组样品（7 个或 11 个样品）在前处理过程中均加入一个全过程空白样。同时所有样品均需添加提取内标和进样内标。PCDD/Fs 定量内标的回收率均在 45%～110%，符合 EPA-1613 中关于内标回收率的要求。

11 典型行业 PCDD/Fs 的健康风险评估

11.1 PCDD/Fs 健康风险评估的国内外研究进展

2007 年中国制定了《中华人民共和国履行〈关于持久性有机污染物的斯德哥尔摩公约〉国家实施计划》，要求防止和消除 POPs 污染对中国社会经济发展和人民生产生活的影响。PCDD/Fs 是 POPs 的重要成员之一[1]，近年来，作为一个新的全球性环境问题，成为各政府部门、工农业界、学术界共同关注的热点。PCDD/Fs 最先由荷兰和瑞士科学家于焚烧炉粉煤灰样品中发现，经过比利时肉鸡事件、日本米糠油事件等一系列的污染事故之后，引发全球广泛关注[2]。研究表明，PCDD/Fs 能够通过皮肤、黏膜、呼吸道和消化道进入人体，引起癌症、生殖和发育障碍，抑制免疫系统功能，造成神经系统和肝脏损伤，是国际社会公认的 EDCs[3]。其中，2,3,7,8-TCDD 是迄今为止发现的毒性最强的化合物，被世界卫生组织确定为一级致癌物。1996 年 6 月，日本厚生省成立了垃圾处理过程中削减对策研讨委员会，并以最近的 PCDD/Fs 削减技术为基础，把 PCDD/Fs 削减对策分为"紧急对策"和"永久对策"部分进行研究，全面推动削减 PCDD/Fs[4]。

11.1.1 健康风险评价定义

健康风险评价通过收集、整理有关化学物的毒性资料、环境监测数据及相应的动物实验与流行病学调查研究资料，来估计特定剂量的化学物对人类健康和生态环境造成损害的可能性及其程度大小，即包括定性健康风险评价和定量健康风险评价。环境污染物的健康风险评价通常由 4 个部分组成：危害鉴定、剂量-反应关系评定、暴露评价和危险度特征分析[5]。

人类的各种活动都会伴随一定的危险度，风险评价的目的是预测风险和控制风险。对于致癌性，一般认为某化学物终身暴露所致的危险度在百万分之一（10^{-6}）或以下，为可接受的危险度。

11.1.2 PCDD/Fs 危害鉴定

（1）PCDD/Fs 的生态毒性评价方法

PCDD/Fs 各异构体的毒性与所含氯原子数及氯原子在苯环上的取代位置有很大关系。含有 1~3 个氯原子的异构体被认为无明显毒性；含 4~8 个氯原子的化合物有毒，其中毒性最强的是 2,3,7,8-TCDD 或 2,3,7,8-TeCDD，其毒性相当于氰化钾的 1 000 倍。一般 PCDD/Fs 的大部分试验动物半致死量为 μg/kg 量级，研究显示豚鼠（雄）的 2,3,7,8-TCDD 半数致死量为 0.6 μg/kg。

　　环境中的 PCDD/Fs 通常是以混合物的形式出现，由于它们的毒性不同，因此在评价其综合毒性时需要进行统一。国际上常把不同组分的 PCDD/Fs 折算成相当于 2,3,7,8-TCDD 的量来表示，称为 TEQ；毒性的强弱以 TEF，即用某 PCDDs/PCDFs 的毒性与 2,3,7,8-TCDD 的毒性的比值表示。表 11-1 列出了 17 种 PCDD/Fs 活性同类物的毒性当量因子[6]。目前以国际或世界卫生组织（WHO）的毒性当量因子（I-TEF 或 WHO-TEF）作为世界之换算标准，二者之差别主要在于 1998 年 WHO-TEF 之 1,2,3,7,8-PeCDD 调高为 I-TEF 的 2 倍。OCDD 及 OCDF 则调低为 I-TEF 的 1/10。北美地区及我国采用 I-TEF。

表 11-1　PCDD/Fs 毒性当量因子

名称		WHO-TEF		I-TEF
		1998 年 [1]	2005 年 [2]	
PCDD	2,3,7,8-TeCDD	1	1	1
	1,2,3,7,8-PeCDD	1	1	0.5～1
	1,2,3,4,7,8-HxCDD	0.1	0.1	0.1
	1,2,3,6,7,8-HxCDD	0.1	0.1	0.1
	1,2,3,7,8,9-HxCDD	0.1	0.1	0.1
	1,2,3,4,6,7,8-HpCDD	0.01	0.01	0.01
	OCDD	0.000 1	0.000 3	0.001
PCDF	2,3,7,8-TeCDF	0.1	0.1	0.1
	1,2,3,7,8-PeCDF	0.05	0.03	0.05
	2,3,4,7,8-PeCDF	0.5	0.3	0.5
	1,2,3,4,7,8-HxCDF	0.1	0.1	0.1
	1,2,3,6,7,8-HxCDF	0.1	0.1	0.1
	1,2,3,7,8,9-HxCDF	0.1	0.1	0.1
	2,3,4,6,7,8-HxCDF	0.1	0.1	0.1
	1,2,3,4,6,7,8-HpCDF	0.01	0.01	0.01
	1,2,3,4,7,8,9-HpCDF	0.01	0.01	0.01
	OCDF	0.000 1	0.000 3	0.001

注：1）1997 年世界卫生组织会议提出并于 1998 年发表在学术期刊；2）2005 年世界卫生组织会议提出并于 2006 年发表在学术期刊。

　　（2）PCDD/Fs 的危害鉴定

　　众所周知，PCDD/Fs 类化合物其急性毒性相当于氰化钾的 100～1 000 倍，被称为"世纪之毒"。美国环保局为全面确定 PCDD/Fs 类化合物的健康风险进行了长达 4 年的研究，确认 PCDD/Fs 类化合物对人类具有致癌、致畸、致突变能力，显著增加癌症死亡率，降低人体免疫能力，影响正常荷尔蒙分泌[7]。1997 年 2 月 14 日国际癌症研究中心（the International Agency for Researchon Cancer，IARC）宣布 TCDD 为一级致癌物，是人类已知的毒性最强的致癌剂，动物试验表明 TCDD 致肝癌剂量仅需 10 ng/kg（体重）。PCDD/Fs 类化合物可以引起癌症、生殖和发育障碍，抑制免疫系统功能，造成神经系统和肝脏损伤，乃至死亡。由于 PCDD/Fs 类化合物的高度亲脂性，易于通过食物链富集在动物和人的脂肪和乳汁中，通过母乳传递给下一代，并且 PCDD/Fs 也更容易累积在儿童体内。婴儿通过母乳吸收的 4～6 氯取代 PCDD/Fs 占总吸收量的 60%～90%。

11.1.3　剂量-反应关系评定

剂量-反应关系评定是环境化学物暴露与不良健康效应之间的定量关联，是健康风险评价的核心。剂量-反应关系的评定包括阈化学物和无阈化学物两类评定方法。传统上前者用于非致癌效应终点的剂量-反应评估，后者则用于致癌效应评估。

阈化学物的剂量-反应关系评定采用未观察到有害效应的剂量（No Observed Adverse Effect Level，NOAEL）或观察到有害效应的最低剂量（Lowest Observed Adverse Effect Level，LOAEL）来计算和推导参考剂量（Reference Dose，RfD）。在从动物向人的外推过程中，因涉及种间差异，需要用不确定性系数（Uncertainty Factors，UFs）加以修正。RfD 的计算式如下：RfD = NOAEL 或 LOAEL/UFs。美国环保局评估的 TCDD 经口摄入的 RfD 为 $7×10^{-10}$ mg/（kg·d）。经吸入的 RfD 未评估。

无阈化学物的剂量-反应关系评价是利用人群流行病学资料估算致癌剂量与人群癌症患病率或死亡率之间的定量关系，推算化学物致癌的危险度水平。如果利用动物致癌试验的结果外推至人，需要借助数学模型，常见的 3 类模型是耐受分布模型、机制性模型及出现反应时间模型。美国环保局从 1986 年起推荐机制性模型中的线性多阶段模型，并建议采用致癌强度系数（Carcinogen Potency Factor，CPF）来表示化学致癌物剂量与致癌反应率之间的定量关系。OEHHA（Office of Environmental Health Hazard Assessment）公布的毒性标准数据库（Toxicity Criteria Database）中，TCDD 经呼吸和口摄入的致癌风险的斜率因子（Slope Factor）为 $1.3×10^5$ mg/(kg·d)，经呼吸摄入的单元风险因子（Inhalation Unit Risk）为 $3.8×10$ m³/μg。

11.1.4　暴露评价

暴露评价要确定暴露剂量和暴露人群的特征。暴露剂量又分为外环境暴露剂量和人体内暴露剂量。内暴露剂量更能反映人体暴露的真实性，准确反映剂量和效应之间的关系。PCDD/Fs 类化合物的内暴露评价主要为血液中 PCDD/Fs 含量。由于血液中 PCDD/Fs 类化合物剂量低、测定难度大、测定成本昂贵，对其内暴露的评价较外暴露少。暴露人群的特征包括人群的年龄、性别、职业、易感性等情况。

（1）PCDD/Fs 的来源

自然界本底中几乎不含 PCDD/Fs，仅在偶尔的火山爆发时产生微量的 PCDD/Fs。自然界中的绝大部分 PCDD/Fs 来源工业排放，主要污染排放源包括氯代化合物含量较高的医疗废物以及生活垃圾的焚烧、钢铁冶炼过程中的铁矿石烧结、金属熔融和废气冷却过程、造纸工业、吸烟、烧烤、家庭燃料燃烧、火葬场焚烧等。根据美国环保局的调查，美国 90% 的 PCDD/Fs 主要来源含氯化合物的燃烧[8]（表 11-2）。

表 11-2　美国 PCDD/Fs 的主要来源

来源	所占比例/%
医院废物焚烧	45
垃圾和固体废物焚烧	42
危险废物、黏合剂焚烧	4
漂白加工	3
木材燃烧	3
铜的再循环利用	2
森林火灾和农业秸秆燃烧	0.7
汽车燃烧	0.7
下水道污染物燃烧	0.2
含 PCDD/Fs 的化学物	<1
铅循环利用	<0.1

（2）PCDD/Fs 暴露途径

PCDD/Fs 类化合物具有水溶性低、辛醇-水分配系数高、蒸汽压低的特性。室温下 PCDD/Fs 类化合物主要以固体形式存在，大气传输时主要附着在气体粒子上，环境中的 PCDD/Fs 类化合物，在三圈环流、极地环流等大气动力输送条件下，成为全球性的污染物，人类通过吸入含有 PCDD/Fs 类化合物的空气将 PCDD/Fs 摄入人体。

西方国家许多大中型城市，早在 20 世纪 80 年代就陆续开展了空气中的 PCDD/Fs 背景值调查研究，并先后制定了 PCDD/Fs 空气质量标准（中国目前尚未制定相关空气质量标准），具体见表 11-2。

表 11-3　某些国家 PCDD/Fs 空气标准

国家	空气质量标准/（pg/m³）
日本	0.6
美国	0.6
德国	0.12
加拿大	0.22

垃圾焚烧行业是 PCDD/Fs 类化合物最主要的排放源，为了控制 PCDD/Fs 污染，许多国家都采取了强有力的措施，并制定了严格的垃圾焚烧排放标准，具体见表 11-4。

表 11-4 某些国家垃圾焚烧的 PCDD/Fs 排放标准

国家	垃圾焚烧排放 TEQ 标准/（ng/m^3）
美国	0.14～0.21
瑞典、丹麦、比利时、奥地利、瑞士、法国、德国、匈牙利、荷兰、斯洛伐克、英国等	0.1
中国	1.0

当大气中的 PCDD/Fs 沉降到水体特别是沉积物中后，可能进入食物链中，由于 PCDD/Fs 的亲脂性，其很容易沉积在动物脂肪组织和乳汁中，又由于其半衰期长，在生物体内和自然环境中都很难降解，从而在生物体内层层富集、放大。人类通过摄入含有 PCDD/Fs 的肉类、蛋奶、蔬菜、水等，将 PCDD/Fs 摄入人体。

Stephens 等[9]以鸡作为食草动物研究对象，发现 PCDD/Fs 的生物可利用性和在鸡组织中的分布情况与氯取代程度有关，研究结果认为鸡可将 PCDD/Fs 累积到相当高水平。由于 PCDD/Fs 的亲脂性，动物性产品是食物链中 PCDD/Fs 类化合物的主要来源。近年来，骆永明等[10,11]对长江三角洲地区某典型污染区农田土壤-生物系统中 PCDD/Fs 的污染特征、生物富集及潜在健康风险进行了初步评估。结果表明，该地区局部农田土壤中 PCDD/Fs 含量达 556 pg/g（干重）和 TEQ 20.2 pg/g（干重），并在不同生物组织中得到了明显富集。水稻可食部分稻米中 PCDD/Fs 含量为 50.7 pg/g（干重）和 TEQ 6.4 pg/g（干重）；蔬菜茎叶中为 35.2 pg/g（干重）和 TEQ 6.7 pg/g（干重）；当地家禽鸡肉中 PCDD/Fs 含量为 30.9 pg/g（湿重）和 TEQ 5.7 pg/g（湿重），鸡脂肪中为 71 508 pg/g（湿重）和 57.7 pg TEQ/g（湿重）。日允许摄入量（TDI）计算结果表明，经稻米-蔬菜、稻米-蔬菜-鱼腥草、稻米-蔬菜-鱼腥草-鸡肉-鸡脂肪等暴露途径至人体的 PCDD/Fs 的 TDI 分别为 TEQ 67.4 pg/[kg（体重）·d]、72.1 pg/[kg（体重）·d]、85.8 pg/[kg（体重）·d]，均远远超过 WHO 制定的 TDI 标准 TEQ 1～4 pg/[kg（体重）·d]。这一结果表明我国经济发达的长江三角洲地区局部农田生态系统中 PCDD/Fs 类污染存在较大的潜在健康风险。

除了上述两条最主要的暴露途径外，人体还会通过误食含有 PCDD/Fs 的土壤作物或皮肤暴露，而将 PCDD/Fs 摄入体内。

（3）PCDD/Fs 的暴露量化

暴露评估通过暴露途径评估，收集暴露参数（如暴露频率、暴露年限、空气吸入量、皮肤接触面积等），估算暴露浓度、分析暴露途径，从而确定潜在的暴露人口、各暴露途径的污染物摄入量和暴露程度。PCDD/Fs 浓度值主要根据监测数据确定，也可以采用污染物迁移转化模型进行预测。PCDD/Fs 摄取量采用单位时间、单位体重的摄取量 [CDI，mg/

（kg·d）]表示。各暴露途径污染物摄取量的计算式如下：

$$经土壤的摄入量：CDI_0=CS×IR_0×CF×EF×ED/（BW×AT） \tag{11-1}$$

$$经呼吸的摄入量：CDI_i=CS×（1/PEF）×IR_i×EF×ED/（BW×AT） \tag{11-2}$$

$$经皮肤接触的摄入量：CDI_d=CS×CF×SA×AF×ABS_d×EF×ED/（BW×AT） \tag{11-3}$$

式中，CS 为土壤中污染物的浓度，单位 mg/kg；CF 为转换系数，10^{-6} kg/mg；PEF 为土壤尘扩散因子，$1.316×10^9$ m^3/kg；ABSd 为皮肤吸收系数，其值由化学物质的特性决定，污染物不同 ABSd 值也不同；IR_0 为土壤摄入量，mg/d；IR_i 为空气吸入量，m^3/d；SA 为可能接触土壤的皮肤面积，cm^2/d；AF 为土壤对皮肤的黏附系数，mg/cm^2；EF 为暴露频率，d/a；ED 为暴露年限，a；BW 为体重，kg；AT（非致癌/致癌）为平均作用时间，d。

本课题组王丽华在某铸造厂工人的 PCDD/Fs 外暴露评估中，将实测的 PCDD/Fs 浓度和工人呼吸量结合，呼吸量估算时考虑了工人的体力劳动强度和性别差异。结果表明，PCDD/Fs 经呼吸摄入量男性为 0～0.60 pg TEQ/[kg（体重）·d]，女性为 0～0. 66 pgTEQ/[kg（体重）·d]。同时估算的铸造厂附近居民个体的总 PCDD/Fs 暴露水平中成人为 2.68 pg TEQ/[kg（体重）·d]，儿童为 4.98 pg TEQ/[kg（体重）·d]。Sweetman[12]等对英国的金属回收站、水泥生产、城市垃圾焚烧炉、垃圾填埋场等工作环境采用定点和个体空气采样器进行调查，结果表明金属回收站，特别是铝回收站的 PCDD/Fs 的浓度最高，为 2.00～72.7 pg TEQ/m^3。Lee 等对中国台湾电弧厂、再生铜冶炼厂和再生铝冶炼厂环境空气中 PCDD/Fs 水平的调查表明，金属（铜、铝）冶炼厂的浓度高于电弧厂，分别为 12.4 pgTEQ/m^3 和 7.2 pg TEQ/m^3；而且发现工人血清中 PCDD/Fs 的水平也是铜和铝冶炼厂的浓度较高，分别为 21.5 pgTEQ/g 脂肪和 18.8 pg TEQ/g 脂肪。此外，德国、日本、泰国[13]、波兰[14]、韩国[15]等国家均进行了工业环境中 PCDD/Fs 水平的调查，可以看出 PCDD/Fs 的环境排放已得到各国的普遍关注。

11.1.5 危险度特征分析

危险度特征分析是健康风险评价的最后步骤，是根据上述 3 个阶段所得的定性、定量评定结果，对有毒化学物在环境中存在时所致的健康危险度进行综合评价，分析判断人群发生某种健康危害的可能性大小，并将其作为危险决策的依据。污染物的非致癌风险通过平均到整个暴露作用期的平均每日单位体重摄入量（CDI）除以慢性参考剂量计算得出，以 HQ 表示，即 HQ=CDI/RfD。理论上，当化学物质的非致癌风险值<1 时，不会对场地上的工人或居民造成明显不利的非致癌健康影响。污染物的致癌风险通过平均到整个生命期的平均每日单位体重摄入量 CDI 乘以致癌斜率因子计算得出，以风险值 R 表示，即 R=CDI×SF。美国环保局在国家风险计划中建立了污染导致增加癌症风险为 10^{-6}（即污染

导致百万人增加一个癌症患者）作为土壤治理的基准，也有专家认为致癌风险在 $10^{-6} \sim 10^{-4}$ 应该是可以接受的[16]。

Joaquim Rovira 等[17]对位于西班牙 Mataró 的某垃圾焚烧厂及其周边土壤和空气中 PCDD/Fs 的含量进行了监测，并对该厂及其周边环境的居民进行了 PCDD/Fs 所致的健康风险评价。研究结果显示，该厂所在处的居民分别通过摄入土壤、皮肤接触、空气吸入的 PCDD/Fs 暴露量分别为：2.19×10^{7}ng TEQ/[kg（体重）•d]、2.33×10^{7}ng TEQ/[kg（体重）•d]、4.02×10^{6}ng TEQ/[kg（体重）•d]，这三种暴露途径所致的致癌风险分别为：1.22×10^{-8}、1.30×10^{-8}、2.29×10^{-7}，总致癌风险为 2.54×10^{-7}；三种途径所致的总非致癌风险为 1.45×10^{-2}。距该厂 1 km 之内的居民分别通过摄入土壤、皮肤接触、空气吸入的 PCDD/Fs 暴露量分别为：7.18×10^{7}ng TEQ/[kg（体重）•d]、7.65×10^{7}ng TEQ/[kg（体重）•d]、2.71×10^{6}ng TEQ/[kg（体重）•d]，这三种暴露途径所致的致癌风险分别为：4.00×10^{-8}、4.26×10^{-8}、1.54×10^{-7}，总致癌风险为 2.37×10^{-7}；三种途径所致的总非致癌风险（HQ）为 1.1×10^{-2}。距离该厂 1 km 之外的居民分别通过摄入土壤、皮肤接触、空气吸入的 PCDD/Fs 暴露量分别为：5.51×10^{7}ng TEQ/[kg（体重）•d]、5.87×10^{7}ng TEQ/[kg（体重）•d]、3.51×10^{6}ng TEQ/[kg（体重）•d]，这三种暴露途径所致的致癌风险分别为：3.07×10^{-8}、3.27×10^{-8}、2.00×10^{-7}，总致癌风险为 2.63×10^{-7}；三种途径所致的总非致癌风险（HQ）为 1.34×10^{-2}。不论是非致癌风险和致癌风险都未超过阈值。然而需要注意的是，对普通居民而言，通过食物摄入是最主要的 PCDD/Fs 暴露途径。对于钢铁铸造行业、氯化工行业、垃圾焚烧行业等生产性排放 PCDD/Fs 的典型行业一线工人而言，空气吸入、皮肤接触等职业暴露是最重要的暴露源。

PCDD/Fs 类化合物的生态和人体健康风险评估是涉及环境科学、生物科学、毒理学、医学等众多学科的交叉研究。由于 PCDD/Fs 类化合物本身的特殊性和研究手段的限制，目前我国对 PCDD/Fs 类化合物的环境监测、风险评估等方面研究还不完善，尤其是职业暴露监测及健康风险评估方面，许多研究工作亟待开展。

11.2 钢铁铸造行业工人 PCDD/Fs 暴露的健康风险评估

在 PCDD/Fs 的工业来源中，钢铁铸造、金属冶炼行业被认为是我国 PCDD/Fs 类化合物最主要的排放源，排放量最大，接近总排放量的 50%。钢铁冶炼过程中，配料中的焦粉或煤粉、煤、木质等碳成分和和原燃料中的氯化物及无机氯载体，在氧化性气氛中，以某些金属离子为催化剂，生成 PCDD/Fs 类物质。铸造厂一线工人 PCDD/Fs 的暴露量远高于普通居民，也因此产生了较大的致癌风险和非致癌风险。

本章内容根据前述章节的研究结果，评估了华中地区某钢铁铸造厂一线工人暴露于 PCDD/Fs 所致的致癌风险和非致癌风险。根据空气采样点的设置和该厂工艺流程，选择了浇铸区和落砂区两个工作点，分别评估了主要工作区在这两点工人的健康风险，并与距离该厂 5 km 范围内居民暴露于 PCDD/Fs 的健康风险进行了比较。

11.2.1　某钢铁铸造厂工人及周边居民 PCDD/Fs 暴露评估

（1）暴露评估方法

暴露评估是健康风险评价的重要环节。职业工人 PCDD/Fs 暴露最主要的途径是空气吸入和饮食暴露。

运用 Nouwen 等的公式来估算研究对象平均每天通过呼吸道摄入 PCDD/Fs 的暴露量，具体公式见公式 11-4。

$$\text{Inh}_{m/f} = \frac{V_{rm/f} \times C_{air} \times t \times f_r}{W_{m/f}} \tag{11-4}$$

式中，$\text{Inh}_{m/f}$ 为研究对象经过呼吸道摄入的 PCDD/Fs 的暴露量；$V_{rm/f}$ 为不同劳动强度下的肺通气量，m^3/h；C_{air} 为不同环境空气中的 PCDD/Fs 浓度，pg TEQ/m^3；t 为研究对象在每个环境中所处的时间，h；f_r 为肺泡阻留率，0.75；$W_{m/f}$ 为体重，kg。

C_{air} 根据空气采样点的监测结果确定，其他暴露参数根据调查问卷中的信息确定。具体估算过程参见第 9 章。

根据测得的各类食物样品中 PCDD/Fs 污染水平结合湖北省居民总膳食调查得到的食物消费量，估算研究对象平均每天通过饮食摄入 PCDD/Fs 的量，具体公式见公式 11-5。

$$E = \sum_{i=1}^{n} C_i \times F_i / B_w \tag{11-5}$$

式中，E 为研究对象经饮食暴露 PCDD/Fs 量，pg TEQ/[kg（体重）·d]；C_i 为第 i 类食品中 PCDD/Fs 的含量，pg TEQ/g 湿重；F_i 为第 i 类食品消费量，g/d；B_w 为体重，kg。

食品样品中 PCDD/Fs 含量以毒性当量（TEQ）表示，即食物样品中 PCDD/Fs 的污染水平（pg/g）乘以相对应同系物的毒性当量因子（TEF），几种同系物相加后即为该种食物中 PCDD/Fs 的含量（pg TEQ/g），本研究采用 WHO 于 2005 年规定的 TEF（TEF2005）计算样品中 PCDD/Fs 含量。对于低于检出限（LOD）的结果，用检出限的一半（1/2 LOD）替换。

（2）暴露评估结果

主要在浇铸区、落砂区工作的一线工人，以及铸造厂周边居民通过空气吸入、饮食暴露和联合暴露 PCDD/Fs 的量如表 11-5 所示。

表 11-5　铸造厂一线工人及周边居民经呼吸和饮食及联合暴露 PCDD/Fs 含量

主要工作点	经呼吸暴露 PCDD/Fs 含量/{fg TEQ /[kg(体重)·d]}	经食物暴露 PCDD/Fs 含量/{fg TEQ /[kg(体重)·d]}	联合暴露 PCDD/Fs 含量/{fg TEQ /[kg(体重)·d]}
浇铸区	50.33（35.14～85.32）	65.03（51.64～83.89）	118.43（86.81～158.28）
落砂区	113.44（64.32～207.08）	60.39（47.27～87.41）	169.14（113.70～285.21）
居民区	32.98（7.67～32.97）	63.61（47.44～87.29）	97.43（65.79～161.98）

注：括号中为第 5 百分位～第 95 百分位。

由表 11-5 可见，主要工作点为落砂区的工人平均每天经呼吸暴露 PCDD/Fs 量最高，为 113.44（64.32～207.08）fg TEQ/[kg（体重）·d]；其次是主要工作点为浇铸区的工人，其平均每天经呼吸暴露 PCDD/Fs 量为 50.33（35.14～85.32）fg TEQ/[kg（体重）·d]；距该铸造厂 5 km 之内的居民平均每天经呼吸暴露 PCDD/Fs 量相对最低，为 32.98（7.67～32.97）fg TEQ/[kg（体重）·d]。呼吸暴露主要取决于采样点空气中 PCDD/Fs 浓度。落砂区、浇铸区的空气采样浓度结果分别为 0.102 pg TEQ/m³、0.265 pg TEQ/m³。居民区所设采样点的平均浓度为 0.063 pg TEQ/m³。落砂是用落砂机通过振动将铸件从铸型中分离的过程，会产生大量粉尘。本研究监测采样点空气样 $PM_{2.5}$ 颗粒中的 PCDD/Fs 的含量，可能由于落砂区粉尘浓度高，导致空气中 $PM_{2.5}$ 浓度高，从而导致空气样中 PCDD/Fs 含量较高。

PCDD/Fs 的饮食暴露量在铸造区、落砂区工人及周边居民区之间差异不大。其原因主要由铸造工人及普通居民食物来源相似，故饮食暴露相似。

浇铸区工人的联合暴露量中，呼吸暴露途径贡献率为 42%，饮食暴露占比较大；落砂区工人的呼吸暴露途径贡献率为 67%，呼吸途径占比较大；普通居民呼吸暴露途径贡献率为 34%，其 PCDD/Fs 暴露主要来源于饮食途径。

11.2.2　某钢铁铸造厂工人及周边居民 PCDD/Fs 暴露所致健康风险评估

（1）健康风险评估方法

由于 PCDD/Fs 具有致癌性，本研究评估了典型行业工人 PCDD/Fs 暴露所致的致癌风险和非致癌风险。污染物的非致癌风险通过平均到整个暴露作用期的平均每日单位体重摄入量除以慢性参考剂量计算得出，以风险值 HQ 表示。理论上，当化学物质的非致癌风险值<1 时，不会对场地上的工人或居民造成明显不利的非致癌健康影响。污染物的致癌效应用风险度表示，即根据暴露水平的数据和特定化学物质的剂量-反应关系估算个体终生暴露所产生的癌症概率。美国环保局在国家风险计划中建立了污染导致增加癌症风险为 10^{-6}（即污染导致百万人增加一个癌症患者）作为环境治理的基准，也有专家认为致癌风险在 10^{-6}～10^{-4} 是可以接受的。

健康风险评估依据美国环保局的超级基金健康风险评估指南（RAGS）（https：//www.epa.gov/risk/risk-assessment-guidance-superfund-rags-part）进行。通过呼吸暴露所致的健康风险和通过消化道暴露所致的健康风险计算方法不同，下面分别介绍。

吸入 PCDD/Fs 所致的非致癌风险（*HQ*）计算公式见公式 11-6：

$$HQ = \frac{EC}{\text{Toxicity value}} \qquad (11\text{-}6)$$

式中，*EC* 为暴露浓度；Toxicity value 为污染物的吸入毒性参数，此处选用 TCDD 的参考浓度（RfC）值，mg/m³。

RfC 的计算公式见公式 11-7。

$$\mathrm{RfC} = \frac{\mathrm{RfC} \times B_\mathrm{w}}{IR} \tag{11-7}$$

式中，RfD 为平均每天每千克体重吸入污染物的参考剂量（RfD），单位为 mg/（kg·d）。美国环保局评估的 TCDD 经口暴露的 RfD 值为 7×10^{-10} mg/（kg·d），通过呼吸暴露的参考剂量值未评估。有文献表明，通常对有机化合物而言，当呼吸暴露和经口暴露只存在其中一条途径的参考剂量时，此数据也适用于另外一条途径。故此处通过呼吸暴露 TCDD 的参考剂量 RfD 也以 7×10^{-10} mg/（kg·d）计算。IR（m^3/d）为一天的通气量，EPA 推荐值为 20 m^3/d；B_w 为体重，kg。

RAGS 中 EC 的计算公式见公式 11-8。

$$EC = \frac{EA \times ET \times EF \times AD}{AT} \tag{11-8}$$

式中，EC 为暴露浓度，$\mathrm{\mu g/m}^3$；CA 为空气中污染物的浓度，$\mathrm{\mu g/m}^3$；ET 为暴露时间，h/d；EF 为暴露频率，d/a；ED 为暴露年限，a；AT 为平均时间（a×365d/a×24 h/d）。

由公式 11-5 可知，EC 的意义为暴露于空气中污染物的浓度平均到整个寿命年中的平均浓度。计算工人的暴露浓度时，根据风险评估指南的建议，将工作年限设为 25 年，以期望寿命为 70 年计算，则非工作年限为 45 年。在工作年限中，每天的工作时长以问卷调查表中工人自报的工作班时间计算，以主要工作点的 PCDD/Fs 浓度作为空气中 PCDD/Fs 的浓度（CA），每天的其他时间为非工作时长，以该厂周边居民区的 PCDD/Fs 浓度作为空气中 PCDD/Fs 的 CA。非工作的 45 年中，以该厂周边居民区的 PCDD/Fs 浓度作为空气中 PCDD/Fs 的浓度（CA）计算。

吸入所致致癌风险（Risk）计算公式见公式 11-9：

$$\mathrm{Risk} = IUR \times EU \tag{11-9}$$

式中，IUR 为致癌化合物的单元风险因子，美国环保局评估的 TCDD 的吸入致癌 IUR 为 3.8×10^{-5} m^3/pg。

经消化道摄入污染物所致的非致癌风险（HQ）见公式 11-10，非致癌风险（Risk）见公式 11-11。

$$HQ = \frac{CDI}{\mathrm{RfD}} \tag{11-10}$$

$$\mathrm{Risk} = CDI \times SF \tag{11-11}$$

公式 11-10 中，CDI 为平均每天每千克体重经饮食摄入污染物的含量，mg TEQ/[kg（体重）·d]。表 11-5 中经食物暴露 PCDD/Fs 含量 fg TEQ/[kg（体重）·d]经单位换算后即为式中 CDI。RfD 为参考剂量，其意义上文已有表述，取值为 7×10^{-10} mg/（kg·d）。

公式 11-11 中 SF 为致癌污染物的斜率因子，USEPA 评估的 TCDD 的 SF 值为 1.3×10^5（kg·d/mg）。

（2）健康风险评估结果

分别在浇铸区、落砂区工作的一线工人，以及铸造厂周边居民分别通过空气吸入、饮食暴露和联合暴露 PCDD/Fs 所致的非致癌风险如表 11-6 所示，致癌风险如表 11-7 所示。

表 11-6　铸造厂主要工作点工人及周边居民 PCDD/Fs 暴露所致的非致癌风险

主要工作点	经呼吸暴露 PCDD/Fs 的非致癌风险	经食物暴露 PCDD/Fs 的非致癌风险	联合暴露 PCDD/Fs 的非致癌风险
浇铸区	0.027（0.027～0.028）	0.093（0.074～0.12）	0.121（0.101～0.148）
落砂区	0.04（0.035～0.040）	0.086（0.067～0.12）	0.125（0.106～0.160）
居民区	0.022（0.006～0.064）	0.090（0.068～0.125）	0.117（0.092～0.150）

注：括号中为第 5 百分位～第 95 百分位。

表 11-7　铸造厂主要工作点工人及周边居民 PCDD/Fs 暴露所致的致癌风险

主要工作点	经呼吸暴露 PCDD/Fs 的致癌风险（$\times 10^{-6}$）	经食物暴露 PCDD/Fs 的致癌风险（$\times 10^{-6}$）	联合暴露 PCDD/Fs 的致癌风险（$\times 10^{-6}$）
浇铸区	2.57（2.57～2.66）	8.45（6.71～10.91）	11.08（9.28～13.54）
落砂区	3.76（3.30～3.76）	7.85（6.15～11.36）	11.43（9.71～14.67）
居民区	2.04（0.59～6.00）	8.27（6.17～11.35）	10.72（8.45～13.68）

注：括号中为第 5 百分位～第 95 百分位。

由表 11-6 可见，该铸造厂内，主要工作点为落砂区的工人经空气吸入 PCDD/Fs 所致的非致癌风险值为 0.04（0.035～0.040），浇铸区工人为 0.027（0.027～0.028）。落砂区高于浇铸区，差异具有统计学意义。铸造厂两个工作区的工人呼吸暴露的非致癌风险值都高于周边居民区。该铸造厂浇铸区工人、落砂区工人、周边居民经食物暴露的非致癌风险值相差不大，与饮食暴露评估的结果一致。三个人群经饮食暴露的非致癌风险分别是经呼吸暴露的非致癌风险的 3.4 倍、2.15 倍、4.05 倍。饮食暴露仍是该铸造厂工人及周边居民 PCDD/Fs 暴露所致非致癌风险的主要原因。联合暴露所致非致癌风险中，三个人群通过空气吸入、饮食暴露和联合暴露 PCDD/Fs 所致的非致癌风险值都未超过 1，未超过可接受的危险水平。

表 11-7 呈现的是该铸造厂主要工作点工人及周边居民 PCDD/Fs 暴露所致的致癌风险。三个人群经呼吸暴露的致癌风险由高到低依次是：落砂区工人 3.76（3.30～3.76）$\times 10^{-6}$、浇铸区工人 2.57（2.57～2.66）$\times 10^{-6}$、周边居民 2.04（0.59～6.00）$\times 10^{-6}$。经饮食暴露的致癌风险三个人群相差不大，分别为：落砂区 7.85（6.15～11.36）$\times 10^{-6}$、浇铸区 8.45（6.71～10.91）$\times 10^{-6}$、周边居民区 8.27（6.17～11.35）$\times 10^{-6}$。经呼吸、饮食联合暴露 PCDD/Fs 所

致的致癌风险由高到低依次是：落砂区工人 11.43（9.71～14.67）× 10^{-6}、浇铸区工人 11.08（9.28～13.54）× 10^{-6}、周边居民 10.72（8.45～13.68）× 10^{-6}。联合暴露所致的致癌风险中，落砂区工人、浇铸区工人、周边居民饮食暴露的贡献率依次为 69%、76%、77%。饮食暴露是 PCDD/Fs 致该铸造厂工人及周边居民患癌风险的主要原因。值得注意的是，空气暴露和饮食暴露所致的患癌风险都超过了美国环保局在国家风险计划中建立的环境治理的基准：10^{-6}。尽管有专家认为患癌风险在 10^{-6}～10^{-4} 都是可以接受的，然而考虑到这是单一致癌物的致癌风险，且周边居民区的患癌风险都超过了10^{-6}，可以认为该铸造厂工人及周边居民的 PCDD/Fs 暴露造成了一定的患癌风险，尤其是经饮食暴露。

该铸造厂工人 PCDD/Fs 暴露造成了一定的健康风险，其中非致癌风险尚在可接受的危险度水平内，所致患癌风险不容忽视，以落砂区的工人患癌风险相对最高，其次是浇铸区工人，周边居民区的患癌风险相对较低，但仍超过了 10^{-6}。致癌风险的 60% 以上由饮食暴露贡献，该地区食物中 PCDD/Fs 的污染值得引起警惕。

11.3　氯化工行业工人 PCDD/Fs 暴露的健康风险评估

氯化是化合物分子中引入氯原子的反应，氯化工艺就是包含氯化反应的工艺，五氯酚及其钠盐的生产、氯碱工艺都属于氯化工艺。氯化工艺过程中的杂质和副产物中常含有高浓度的 PCDD/Fs 类化合物。氯化工人作为接触氯化工艺的一线工人，其 PCDD/Fs 的暴露和健康风险不容忽视。

本节内容根据前述研究结果，评估了位于某氯化工厂一线工人暴露于 PCDD/Fs 所致的致癌风险和非致癌风险。根据空气采样点的设置和该厂工艺流程，选择了成品区和碱溶区这两个工作点作为一线工人的主要工作点，分别评估了工人的健康风险，并与周边区普通居民暴露于 PCDD/Fs 的健康风险进行了比较。

11.3.1　某氯化工厂工人及周边居民 PCDD/Fs 暴露评估

主要在成品区、碱溶区工作的一线工人，以及铸造厂周边居民通过空气吸入、饮食暴露和联合暴露 PCDD/Fs 的量如表 11-8 所示。

由表 11-8 可见，氯化工厂一线工人经呼吸暴露的 PCDD/Fs 远远高于居民区，高达居民区的 100～200 倍。其中，主要工作点为氯碱区的工人平均每天经呼吸暴露 PCDD/Fs 量最高，为 21.61（19.80～30.54）pg TEQ/[kg（体重）·d]，其次是主要工作点为浇铸区的工人，其平均每天经呼吸暴露 PCDD/Fs 量为 10.91（6.83～17.21）pg TEQ/[kg（体重）·d]。这两个工作点的工人呼吸暴露量均已超过了世界卫生组织于 2005 制定的 PCDD/Fs 类化合物的 TDI（Tolerable Daily Intake 人日容许摄入量）：1～4 pg TEQ/[kg（体重）·d]。周边区居民平均每天经呼吸暴露 PCDD/Fs 量相对最低，为 103.13（75.11～150.92）fg TEQ/[kg（体重）·d]。空气采样的结果表明，碱溶区、成品区的空气采样浓度结果分别为 125 pg TEQ/m^3、

54.3 pg TEQ/m³，均远远超过日本环境空气推荐质量标准（0.6 pg TEQ/m³）。周边区居民区所设采样点的平均浓度为 0.191 pg TEQ/m³。由此可见，该氯化工厂主要工作点空气中极高的 PCDD/Fs 浓度，导致该厂工人极高的 PCDD/Fs 暴露。

表 11-8　氯化工厂一线工人及周边居民经呼吸和饮食及联合暴露 PCDD/Fs 含量

主要工作点	经呼吸暴露 PCDD/Fs 含量/{fg TEQ/[kg（体重）·d]}	经食物暴露 PCDD/Fs 含量/{fg TEQ/[kg（体重）·d]}	联合暴露 PCDD/Fs 含量/{fg TEQ/[kg（体重）·d]}
成品区	10 913.20（6 835.00～17 207.40）	119.59（90.92～162.20）	11 028.42（6 922.20～17 369.57）
碱溶区	21 605.52（19 796.84～30 540.00）	115.60（93.02～139.53）	21 711.83（19 906.99～30 670.81）
普通居民区	103.13（75.11～150.92）	124.95（97.34～164.15）	229.15（174.40～298.27）

注：括号中为第 5 百分位～第 95 百分位。

饮食暴露量由高到低依次为：普通居民区 124.95（97.34～164.15）fg TEQ/[kg（体重）·d]、成品区 119.59（90.92～162.20）fg TEQ/[kg（体重）·d]、碱溶区 115.60（93.02～139.53）fg TEQ/[kg（体重）·d]。三个人群估算饮食暴露量所用食物样相同，故差异不大，碱溶区饮食暴露相对较低原因可能是因为主要工作点在碱溶区的工人只有 4 人，暴露评估受个性化的体重、摄食频率等影响较大。氯化厂工人及周边区居民饮食暴露的 PCDD/Fs 均未超过 WHO 规定的 TDI。

成品区工人联合暴露的 PCDD/Fs 中，呼吸途径占比 98.9%；碱溶区工人联合暴露的 PCDD/Fs 中，呼吸途径占比 99.5%。氯化厂工人的 PCDD/Fs 绝大部分来源于极高的呼吸暴露。周边区普通居民联合暴露的 PCDD/Fs 中，呼吸途径占比 44.9%，饮食途径仍是较主要的暴露途径。

11.3.2　某氯化工厂工人及周边居民 PCDD/Fs 暴露所致健康风险评估

分别在浇铸区、落砂区工作的一线工人，以及铸造厂周边居民分别通过空气吸入、饮食暴露和联合暴露 PCDD/Fs 所致的非致癌风险如表 11-9 所示，致癌风险如表 11-10 所示。

表 11-9　氯化工厂主要工作点工人及周边居民 PCDD/Fs 暴露所致的非致癌风险

主要工作点	经呼吸暴露 PCDD/Fs 的非致癌风险	经食物暴露 PCDD/Fs 的非致癌风险	联合暴露 PCDD/Fs 的非致癌风险
成品区	2.707（2.707～4.022）	0.17（0.13～0.23）	2.903（2.831～4.247）
碱溶区	6.142（6.142～6.12）	0.17（0.13～0.20）	6.308（6.275～6.342）
周边居民区	0.077 6（0.067 8～0.089 0）	0.18（0.14～0.23）	0.256（0.218～0.312）

注：括号中为第 5 百分位～第 95 百分位。

表 11-10　氯化工厂主要工作点工人及周边居民 PCDD/Fs 暴露所致的致癌风险

主要工作点	经呼吸暴露 PCDD/Fs 的致癌风险（×10⁻⁶）	经食物暴露 PCDD/Fs 的致癌风险（×10⁻⁶）	联合暴露 PCDD/Fs 的致癌风险（×10⁻⁶）
成品区	252.03（252.03～374.4）	15.54（11.82～21.09）	269.87（263.37～394.97）
碱溶区	571.87（571.87～571.87）	15.03（12.10～18.14）	586.90（583.96～590.00）
普通居民区	7.22（6.31～8.28）	16.24（12.66～21.34）	23.50（20.03～28.60）

注：括号中为第 5 百分位～第 95 百分位。

由表 11-9 可见，该氯化工厂内，主要工作点为碱溶区的工人经空气吸入 PCDD/Fs 所致的非致癌风险值为 6.142（6.142～6.12），浇铸区的为 2.57（2.57～2.66）。周边区居民吸入所致的非致癌风险为 0.077 6（0.067 8～0.089 0），碱溶区工人是其 79 倍，成品区工人是其 35 倍。两工作区的工人呼吸暴露的非致癌风险值都超过可接受的危险度水平，碱溶区超过 5 倍以上，成品区超过 1 倍以上。与饮食暴露评估的结果一致，该氯化工厂碱溶区工人、成品区工人、周边居民经食物暴露的非致癌风险值相差不大，分别为 15.03（12.10～18.14）、15.54（11.82～21.09）、16.24（12.66～21.34），均未超过 1。

碱溶区、成品区、周边居民区联合暴露的非致癌风险分别为 6.308（6.275～6.342）、2.903（2.831～4.247）、0.256（0.218～0.312），其中呼吸暴露途径的贡献率分别为：97.4%、93.2%、30.3%。研究者在该氯化工厂进行现场调查时，发现许多工人都出现了明显"氯痤疮"的体征，该氯化工厂工人呼吸暴露的 PCDD/Fs 已给工人造成严重的非致癌风险，以碱溶区最甚。

表 11-10 呈现的是该氯化工厂主要工作点工人及周边区居民 PCDD/Fs 暴露所致的致癌风险。三个人群经呼吸暴露的致癌风险由高到低依次是：碱溶区工人 571.87（571.87～571.87）×10⁻⁶、成品区工人 252.03（252.03～374.4）×10⁻⁶、周边区居民 7.22（6.31～8.28）×10⁻⁶。两工作点工人的经呼吸暴露的致癌风险均已超过 10⁻⁴，即使以 10⁻⁶～10⁻⁴ 作为可以接受的风险度，该厂工人也已产生了明显的致癌风险。经饮食暴露的致癌风险三个人群相差不大，分别为：碱溶区 15.03（12.10～18.14）×10⁻⁶、成品区 15.54（11.82～21.09）×10⁻⁶、周边区居民 16.24（12.66～21.34）×10⁻⁶。

经呼吸、饮食联合暴露 PCDD/Fs 所致的致癌风险由高到低依次是：碱溶区 586.90（583.96～590.00）×10⁻⁶、成品区 269.87（263.37～394.97）×10⁻⁶、周边区居民 23.50（20.03～28.60）×10⁻⁶。联合暴露所致的致癌风险中，碱溶区工人、成品区工人、周边区居民经呼吸途径暴露的致癌风险贡献率依次为 93.3%、97.4%、30.7%。该厂暴露于 PCDD/Fs 的工人已有很高的致癌风险，以碱溶区最甚，其次是成品区，且呼吸暴露是 PCDD/Fs 致该氯化工厂工人患癌风险绝大部分原因。周边区居民的致癌风险在 10⁻⁶～10⁻⁴，饮食暴露途径是其主要的致癌风险来源。

PCDD/Fs 暴露已给该氯化工厂工人造成了极大的健康风险。不论是非致癌风险还是致癌风险，都已明显超出了可接受的危险度范围。以碱溶区最甚，成品区次之。工作场所空气中的 PCDD/Fs 贡献了绝大部分的健康风险。有关部门需对此高度重视，并进行干预。

11.4　垃圾焚烧行业工人 PCDD/Fs 暴露的健康风险评估

垃圾焚烧行业被认为是环境中 PCDD/Fs 重要的来源。大多数焚烧炉设备简单且规模很小，焚烧处理和尾气净化装置不完全，造成焚烧废气和飞灰中含有大量的 PCDD/Fs。在发达国家，焚烧城市垃圾所产生的 PCDD/Fs 可达总生成源的 95%。

本节内容评估了华中地区某两家垃圾焚烧厂工人暴露于 PCDD/Fs 所致的致癌风险和非致癌风险。焚烧厂 A 垃圾焚烧主要采用炉排炉工艺；焚烧厂 B 垃圾焚烧主要采用流化床工艺。根据空气采样点的设置和该厂工艺流程，焚烧厂 A 选择了焚烧炉前、落灰区、中控室、办公区这四个工作点作为该厂工人的主要工作点；焚烧厂 B 选择了焚烧炉后、布袋口、中控室、办公区这四个工作点。本节分别评估了这两个焚烧厂工人的健康风险，并与当地市普通居民暴露于 PCDD/Fs 的健康风险进行了比较。

11.4.1　两垃圾焚烧厂工人及周边居民 PCDD/Fs 暴露评估

垃圾焚烧厂 A 工人的外暴露评估见表 11-11，垃圾焚烧厂 B 工人的外暴露评估见表 11-12。

表 11-11　垃圾焚烧厂 A 工人及周边居民经呼吸和饮食及联合暴露 PCDD/Fs 含量

主要工作点	经呼吸暴露 PCDD/Fs 含量/ {fg TEQ/[kg（体重）·d]}	经食物暴露 PCDD/Fs 含量/ {fg TEQ/[kg（体重）·d]}	联合暴露 PCDD/Fs 含量/ {fg TEQ/[kg（体重）·d]}
焚烧炉前	942.96（654.18～1 551.44）	64.61（55.09～79.57）	1 012.34（715.57～1 607.24）
落灰区	399.71（234.81～746.30）	68.75（51.15～93.41）	402.07（285.97～839.71）
中控室	96.00（72.33～105.74）	68.75（53.05～87.69）	168.21（127.06～193.43）
办公区	85.91（65.14～123.73）	62.27（48.55～86.80）	148.41（113.69～214.37）
居民区	45.75（42.02～93.63）	71.61（61.38～167.91）	117.36（103.40～263.96）

注：括号中为第 5 百分位～第 95 百分位。

由表 11-11 可见，垃圾焚烧厂 A 工人经呼吸暴露 PCDD/Fs 含量由高到低依次为：焚烧炉前工人 942.96（654.18～1551.44）fg TEQ/[kg（体重）·d]、落灰区工人 399.71（234.81～746.30）fg TEQ/[kg（体重）·d]、中控室工人 96.00（72.33～105.74）fg TEQ/[kg（体重）·d]、办公室工人 85.91（65.14～123.73）fg TEQ/[kg（体重）·d]，分别是普通居民的 20 倍、8.7 倍、2.1 倍、1.8 倍。五个人群经饮食途径的暴露量中位数均在 60～70 fg TEQ/[kg（体重）·d]，相差不大。炉前区工人、落灰区工人、中控室工人、办公室工人、普通居民的 PCDD/Fs 联合暴露量分别为：1 012.34（715.57～1 607.24）fg TEQ/[kg（体重）·d]、402.07

（285.97～839.71）fg TEQ/[kg（体重）·d]、168.21（127.06～193.43）fg TEQ/[kg（体重）·d]、148.41（113.69～214.37）fg TEQ/[kg（体重）·d]、117.36（103.40～263.96）fg TEQ/[kg（体重）·d]，其中呼吸暴露贡献率分别为：93.1%、99.5%、57.1%、57.9%、39.0%。该厂工人的 PCDD/Fs 暴露主要来源于呼吸暴露，即职业暴露。四个工作区工人中，仅焚烧炉前工人的联合暴露量超过了 1 pg TEQ/[kg（体重）·d]，但未超过 4 pg TEQ/[kg（体重）·d]。居民区 PCDD/Fs 暴露主要来源于饮食途径。

由表 11-12 可见，垃圾焚烧厂 B 工人经呼吸暴露 PCDD/Fs 含量由高到低依次为：布袋口工人 1 097.07（693.11～1 434.27）fg TEQ/[kg（体重）·d]、焚烧炉后工人 516.64（383.88～1 186.67）fg TEQ/[kg（体重）·d]、办公区工人 206.97（155.79～383.58）fg TEQ/[kg（体重）·d]、中控室工人 109.88（82.85～123.87）fg [kg（体重）·d]，分别是普通居民的 24 倍、11.3 倍、4.5 倍、2.4 倍。垃圾焚烧厂 B 工人经饮食暴露量中位数在 129～143 fg TEQ/[kg（体重）·d]，是普通居民饮食暴露 PCDD/Fs 量的 1.8～2 倍。布袋口工人、焚烧炉后工人、办公区工人、中控室工人的联合暴露量依次为：1 226.85（785.69～1 584.51）fg TEQ/[kg（体重）·d]、647.38（504.50～1 322.60）fg TEQ/[kg（体重）·d]、348.53（251.00～551.50）fg TEQ/[kg（体重）·d]、256.89（195.53～278.10）fg TEQ/[kg（体重）·d]，其中呼吸暴露贡献率分别为：89.4%、79.8%、59.4%、42.8%。四个人群中，布袋口区工人的联合暴露量超过 1 pg TEQ/[kg（体重）·d]，但未超过 4 pg TEQ/[kg（体重）·d]。

综合 A、B 两垃圾焚烧厂工人的暴露情况，一线工人经呼吸暴露 PCDD/Fs 的量高于中控室及办公区工人，由高到低依次为：布袋口、焚烧炉前、焚烧炉后、落灰区。A 厂中控室工人的呼吸暴露量高于办公室工人，B 厂中控室工人的呼吸暴露量低于办公室工人。这一差别可能与两厂办公室及中控室的地理位置有关。值得注意的是，B 厂工人经饮食暴露的 PCDD/Fs 约是 A 厂工人饮食暴露量的 2 倍。两厂食物样采集分别来自各厂职工食堂，可见 B 厂食堂的食物中 PCDD/Fs 含量较高，受到了一定污染，可能与 B 厂厨房的地理位置，或是厨师处理不当等意外暴露有关。

表 11-12　垃圾焚烧厂 B 工人及周边居民经呼吸和饮食及联合暴露 PCDD/Fs 含量

主要工作点	经呼吸暴露 PCDD/Fs 含量/{fg TEQ/[kg（体重）·d]}	经食物暴露 PCDD/Fs 含量/{fg TEQ/[kg（体重）·d]}	联合暴露 PCDD/Fs 含量/{fg TEQ/[kg（体重）·d]}
焚烧炉后	516.64（383.88～1 186.67）	135.93（109.79～184.16）	647.38（504.50～1 322.60）
布袋口	1 097.07（693.11～1 434.27）	129.78（92.58～150.24）	1226.85（785.69～1 584.51）
中控室	109.88（82.85～123.87）	142.73（111.22～160.07）	256.89（195.53～278.10）
办公区	206.97（155.79～383.58）	136.47（101.95～194.63）	348.53（251.00～551.50）
普通居民区	45.75（42.02～93.63）	71.61（61.38～167.91）	117.36（103.40～263.96）

注：括号中为第 5 百分位～第 95 百分位。

11.4.2 某两垃圾焚烧厂工人 PCDD/Fs 所致健康风险评估

（1）垃圾焚烧厂 A 工人 PCDD/Fs 所致健康风险评估

垃圾焚烧厂 A 主要工作点的工人以及当地普通居民分别通过空气吸入、饮食暴露和联合暴露 PCDD/Fs 所致的非致癌风险如表 11-13 所示，致癌风险如表 11-14 所示。

由表 11-13 可见，垃圾焚烧厂 A 中，各工种工人经呼吸暴露 PCDD/Fs 所致的非致癌风险由高到低依次为：焚烧炉前 0.254（0.202～0.254）、落灰区 0.098（0.084 7～0.124）、中控室 0.041 1（0.041 1～0.042 1）、办公区 0.041 4（0.039 6～0.042 3），全部高于居民区 0.033 3（0.033 3～0.057 0），但都未超过 1。垃圾焚烧厂 A 工人和当地普通居民饮食暴露所致的非致癌风险都在 0.1 左右，普通居民稍高 0.10（0.088～0.24）。联合暴露的非致癌风险由低到高依次为：焚烧炉前 0.347（0.281～0.368）、落灰区 0.196（0.171～0.241）、居民区 0.146（0.131～0.286）、中控室 0.140（0.118～0.166）、办公区 0.130（0.111～0.166），其中呼吸途径暴露的贡献率依次为 73.2%、50.0%、22.3%、29.4%、31.8%。由此可见，垃圾焚烧厂 A 的一线工人：焚烧炉前、落灰区工人的非致癌风险主要来源于呼吸暴露，而辅助工人：中控室、办公区工人及居民 PCDD/Fs 暴露的非致癌风险主要来源于饮食暴露。垃圾焚烧厂 A 工人及普通居民 PCDD/Fs 暴露所致的联合非致癌风险都未超过可接受的危险水平。

表 11-13　垃圾焚烧厂 A 主要工作点工人及普通居民 PCDD/Fs 暴露所致的非致癌风险

主要工作点	经呼吸暴露 PCDD/Fs 的非致癌风险	经食物暴露 PCDD/Fs 的非致癌风险	联合暴露 PCDD/Fs 的非致癌风险
焚烧炉前	0.254（0.202～0.254）	0.092（0.079～0.11）	0.347（0.281～0.368）
落灰区	0.098（0.084 7～0.124）	0.098（0.073～0.13）	0.196（0.171～0.241）
中控室	0.041 1（0.041 1～0.042 1）	0.098（0.076～0.13）	0.140（0.118～0.166）
办公区（大堂）	0.041 4（0.039 6～0.042 3）	0.089（0.069～0.12）	0.130（0.111～0.166）
普通居民区	0.033 3（0.033 3～0.057 0）	0.10（0.088～0.24）	0.146（0.131～0.286）

注：括号中为第 5 百分位～第 95 百分位。

表 11-14 呈现的是垃圾焚烧厂 A 主要工作点工人及当地普通居民 PCDD/Fs 暴露所致的致癌风险。呼吸暴露的致癌风险由高到低依次是：焚烧炉前工人 23.70（18.82～23.70）×10^{-6}、落灰区工人 9.12（7.89～11.60）×10^{-6}、办公区（大堂）工人 3.85（3.69～3.94）×10^{-6}、中控室工人 3.83（3.83～3.92）×10^{-6}、普通居民 3.10（3.10～5.30）×10^{-6}，顺序与非致癌风险一致。所有人群均超过了 10^{-6}，其中焚烧炉前工人达 10^{-5} 以上，但在 10^{-4} 以内。垃圾焚烧厂 A 工人和普通居民饮食暴露所致的致癌风险都在 $9×10^{-6}$ 左右，普通居民稍高 9.31（7.98～21.83）。联合暴露的致癌风险由高到低依次为：焚烧炉前 32.10（25.98～34.04）×10^{-6}、落灰区 18.05（15.77～22.22）×10^{-6}、普通居民区 13.36（12.03～26.14）×10^{-6}、中控室 12.86

（10.82～15.23）×10^{-6}、办公区 11.95（10.17～15.22）×10^{-6}，其中呼吸途径暴露的贡献率依次为 73.8%、50.5%、23.2%、29.8%、32.2%。垃圾焚烧厂 A 工人和普通居民 PCDD/Fs 暴露的联合致癌风险都超过了 10^{-6}，达到了 10^{-5} 的数量级，即污染导致每 10 万人增加一个癌症患者。可以认为焚烧厂 A 工人及周边居民的 PCDD/Fs 暴露造成了一定的患癌风险。其中一线工人的致癌风险主要来源于呼吸暴露，辅助工人和普通居民的致癌风险主要来源于饮食暴露。

表 11-14　垃圾焚烧厂 A 主要工作点工人及普通居民 PCDD/Fs 暴露所致的致癌风险

主要工作点	经呼吸暴露 PCDD/Fs 的致癌风险（×10^{-6}）	经食物暴露 PCDD/Fs 的致癌风险（×10^{-6}）	联合暴露 PCDD/Fs 的致癌风险（×10^{-6}）
焚烧炉前	23.70（18.82～23.70）	8.40（7.16～10.34）	32.10（25.98～34.04）
落灰区	9.12（7.89～11.60）	8.94（6.65～12.14）	18.05（15.77～22.22）
中控室	3.83（3.83～3.92）	8.94（6.90～11.40）	12.86（10.82～15.23）
办公区（大堂）	3.85（3.69～3.94）	8.10（6.31～11.28）	11.95（10.17～15.22）
普通居民区	3.10（3.10～5.30）	9.31（7.98～21.83）	13.36（12.03～26.14）

注：括号中为第 5 百分位～第 95 百分位。

垃圾焚烧厂 A 工人及周边居民的 PCDD/Fs 暴露造成了一定的健康风险，其中非致癌风险尚在可接受的危险度水平内，所致患癌风险不容忽视。以焚烧炉前区的工人健康风险相对最高，其次是落灰区工人，均为一线工人，其健康风险主要来源于吸入途径，即职业暴露。中控室工人、办公区工人、普通居民的 PCDD/Fs 暴露所致健康风险较为一致，都存在一定的致癌风险，且主要来源于饮食摄入途径，该地区食物中 PCDD/Fs 的污染值得引起警惕。

（2）垃圾焚烧厂 B 工人 PCDD/Fs 所致健康风险评估

由表 11-15 可见，垃圾焚烧厂 B 中，各工种工人经呼吸暴露 PCDD/Fs 所致的非致癌风险由高到低依次为：布袋口 0.278（0.219～0.278）、焚烧炉后 0.128（0.128～0.170）、办公区 0.069（0.062 8～0.080 7）、中控室 0.043（0.043～0.044），全部高于居民区 0.033 3（0.033 3～0.057 0），但都未超过 1。垃圾焚烧厂 B 工人饮食暴露所致的非致癌风险都在 0.19 左右，是普通居民的近 2 倍，和暴露评估的结果一致，提示垃圾焚烧厂 B 职工食堂的食物样受到 PCDD/Fs 的污染。联合暴露的非致癌风险由低到高依次为：布袋口 0.435（0.408～0.492）、焚烧炉后 11.96（11.96～15.84）、办公区 0.264（0.214～0.359）、中控室 0.247（0.203～0.272）、居民区 0.146（0.131～0.286），其中呼吸途径暴露的贡献率依次为 63.9%、39.1%、26.1%、17.4%、22.6%。垃圾焚烧厂 A 工人及普通居民 PCDD/Fs 暴露所致的联合非致癌风险都未超过可接受的危险水平。

表 11-15　垃圾焚烧厂 B 主要工作点工人及普通居民 PCDD/Fs 暴露所致的非致癌风险

主要 工作点	经呼吸暴露 PCDD/Fs 的非致 癌风险	经食物暴露 PCDD/Fs 的非 致癌风险	联合暴露 PCDD/Fs 的非致 癌风险
焚烧炉后	0.128（0.128～0.170）	0.19（0.16～0.26）	0.327（0.285～0.393）
布袋口	0.278（0.219～0.278）	0.18（0.13～0.21）	0.435（0.408～0.492）
中控室	0.043（0.043～0.044）	0.20（0.16～0.23）	0.247（0.203～0.272）
办公区	0.069（0.062 8～0.080 7）	0.191（0.15～0.28）	0.264（0.214～0.359）
普通居民区	0.033 3（0.033 3～0.057 0）	0.10（0.09～0.24）	0.146（0.131～0.286）

注：括号中为第 5 百分位～第 95 百分位。

表 11-16 呈现的是垃圾焚烧厂 B 主要工作点工人及普通居民 PCDD/Fs 暴露所致的致癌风险。呼吸暴露的致癌风险由高到低依次是：布袋口 25.85（20.43～25.85）× 10^{-6}、焚烧炉后 11.96（11.96～15.84）× 10^{-6}、办公区 6.40（5.85～7.51）× 10^{-6}、中控室 4.05（4.05～4.09）× 10^{-6}、普通居民 3.10（3.10～5.30）× 10^{-6}，其顺序与非致癌风险一致。所有人群均超过了 10^{-6}，垃圾焚烧厂 B 一线工人（布袋口区工人、焚烧炉后工人）的致癌风险度已达 10^{-5}，但仍在 10^{-4} 以内。垃圾焚烧厂 B 工人经饮食途径暴露的致癌风险度的中位数均在 $1.7×10^{-5}$ 左右，近居民区的 2 倍。联合暴露的致癌风险由高到依次为：布袋口 40.18（37.56～45.38）× 10^{-6}、焚烧炉后 30.06（26.23～36.09）× 10^{-6}、办公区 24.14（19.65～32.81）× 10^{-6}、中控室 22.61（18.54～24.86）× 10^{-6}、居民区 13.36（12.03～26.14）× 10^{-6}，其中呼吸途径暴露的贡献率依次为 64.3%、39.8%、26.5%、17.9%、23.2%。垃圾焚烧厂 A 工人和普通居民 PCDD/Fs 暴露的联合致癌风险都超过了 10^{-6}，达到了 10^{-5} 的数量级，可以认为焚烧厂 B 工人及周边居民的 PCDD/Fs 暴露造成了一定的患癌风险。B 厂职工食堂食物样中较高浓度的 PCDD/Fs 使得工人面临较高的致癌风险。除了空气中 PCDD/Fs 浓度最高的焚烧炉后区之外，其他工种工人的主要致癌风险都来源于饮食途径。

表 11-16　垃圾焚烧厂 B 主要工作点工人及普通居民 PCDD/Fs 暴露所致的致癌风险

主要 工作点	经呼吸暴露 PCDD/Fs 的致癌 风险（×10^{-6}）	经食物暴露 PCDD/Fs 的致癌 风险（×10^{-6}）	联合暴露 PCDD/Fs 的致 癌风险（×10^{-6}）
焚烧炉后	11.96（11.96～15.84）	17.67（14.27～23.94）	30.06（26.23～36.09）
布袋口	25.85（20.43～25.85）	16.87（12.03～19.53）	40.18（37.56～45.38）
中控室	4.05（4.05～4.09）	18.55（14.46～20.81）	22.61（18.54～24.86）
办公区	6.40（5.85～7.51）	17.74（13.25～25.30）	24.14（19.65～32.81
普通居民区	3.10（3.10～5.30）	9.31（7.98～21.83）	13.36（12.03～26.14）

注：括号中为第 5 百分位～第 95 百分位。

垃圾焚烧厂 B 工人及周边居民的 PCDD/Fs 暴露造成了一定的健康风险，健康风险由高到低依次为：布袋口工人、焚烧炉后工人、办公区工人、中控室工人、普通居民。其中非致癌风险尚在可接受的危险度水平内，所致患癌风险不容忽视。除空气中 PCDD/Fs 浓度最高的焚烧炉后区之外，其他工种工人及普通居民的主要致癌风险都来源于饮食途径。且由于 B 厂职工食堂食物样中 PCDD/Fs 浓度较高，是普通居民区食物的近两倍，提高了 B 厂工人饮食暴露的健康风险。

综合 A、B 两垃圾焚烧厂工人的健康风险评估情况，一线工人 PCDD/Fs 暴露的健康风险高于中控室及办公区工人，由高到低依次为：布袋口、焚烧炉前、焚烧炉后、落灰区。A 厂中控室工人的健康风险高于办公室工人，B 厂中控室工人的健康风险低于办公室工人。这一差别可能与两厂办公室及中控室的地理位置有关。B 厂工人经饮食暴露 PCDD/Fs 的健康风险约是 A 厂工人的 2 倍，可见 B 厂食堂的食物中 PCDD/Fs 含量较高，受到了一定污染，可能与 B 厂厨房的地理位置或是厨师处理不当等意外暴露有关。除布袋口、焚烧炉前、焚烧炉后这三个空气中 PCDD/Fs 浓度最高的三个工作点外，其余工人及居民的健康风险都主要来源于饮食暴露，该地区食物 PCDD/Fs 污染状况不容忽视。

11.5 清洁对照区 PCDD/Fs 暴露的健康风险评估

本研究选取湖北省神农架林区作为清洁对照区。

神农架林区居民经呼吸和饮食及联合暴露 PCDD/Fs 含量如表 11-17 所示，PCDD/Fs 暴露的非致癌风险及致癌风险如表 11-18、表 11-19 所示。由表 11-17 可见，神农架林区居民联合 PCDD/Fs 暴露量未超出 WHO 规定的 TDI。由表 11-18、表 11-19 可见，神农架林区居民 PCDD/Fs 暴露所致的非致癌风险都远低于 1。其联合暴露的致癌风险为 $5.45(4.14\sim7.26)\times10^{-6}$，其中饮食途径的贡献率为 98.7%。神农架林区作为本次研究的清洁对照区，其居民饮食暴露的致癌风险超过 10^{-6}，但在 $10^{-6}\sim10^{-4}$。神农架林区食物样中 PCDD/Fs 含量并未明显低于其他地区，可能与市场上食品的流通性较好有关。

表 11-17　神农架林区居民经呼吸和饮食及联合暴露 PCDD/Fs 含量

地点	经呼吸暴露 PCDD/Fs 含量/ {fg TEQ/[kg（体重）·d]}	经食物暴露 PCDD/Fs 含量/ {fg TEQ/[kg（体重）·d]}	联合暴露 PCDD/Fs 含量/ {fg TEQ/[kg（体重）·d]}
清洁对照区	0.88（0.32～1.27）	41.39（31.43～55.34）	42.79（31.54～57.71）

表 11-18　神农架林区居民 PCDD/Fs 暴露所致的非致癌风险

主要工作点	经呼吸暴露 PCDD/Fs 的非致癌风险	经食物暴露 PCDD/Fs 的非致癌风险	联合暴露 PCDD/Fs 的非致癌风险
清洁对照区	0.000 69（0.000 28～0.000 69）	0.059（0.044～0.079）	0.060（0.045～0.080）

表 11-19　神农架林区居民 PCDD/Fs 暴露所致的致癌风险

主要工作点	经呼吸暴露 PCDD/Fs 的致癌风险（×10⁻⁶）	经食物暴露 PCDD/Fs 的致癌风险（×10⁻⁶）	联合暴露 PCDD/Fs 的致癌风险（×10⁻⁶）
清洁对照区	0.065（0.026～0.065）	5.38（4.08～7.19）	5.45（4.14～7.26）

注：括号中为第 5 百分位～第 95 百分位。

11.6　典型行业 PCDD/Fs 暴露所致健康风险比较

各典型行业 PCDD/Fs 暴露所致健康风险由高到低依次为氯化工行业＞垃圾焚烧行业＞铸造行业。除氯化工厂工人外，其余行业各工作点工人的非致癌风险都在可接受的风险水平之内，该氯化工厂工人面临着极大的非致癌风险。PCDD/Fs 暴露的致癌风险方面，所有研究人群，包括清洁对照区居民的联合致癌风险都超过了 10⁻⁶（污染导致百万人增加一个癌症患者）。其中，除氯化工厂外，其他人群的致癌风险都在 10⁻⁶～10⁻⁴。氯化工厂工人的致癌风险超过了 10⁻⁴ 水平，即每万人增加一个以上癌症患者。所有工种中，氯化工厂的成品区、碱溶区工人，垃圾焚烧厂 A 的焚烧炉前工人，垃圾焚烧厂 B 布袋口工人的健康风险主要来源于呼吸暴露，即职业暴露，其余工种工人及普通居民的健康风险都主要来源于饮食暴露。

综上所述，氯化工行业工人正面临着极大的健康风险，包括致癌风险和非致癌风险。垃圾焚烧业及铸造业工人职业暴露所致的健康风险不容忽视。同时，饮食暴露也是上述典型行业人群及周边居民 PCDD/Fs 的重要来源，食物 PCDD/Fs 污染需引起重视。

参考文献

[1] MARINKOVIC N，PASALIC D，FERENCAK G，et al. Dioxins and human toxicity [J]. Arh Hig Rada Toksikol，2010，61（4）：445-453.

[2] 武彧羽，孙鹏程，罗锦洪. 环境中二噁英来源、健康风险及其控制技术研究进展[J]. 上海环境科学，2014，33（4）：174-179.

[3] 孙成均. 二噁英类化合物的环境污染、毒性及分析方法[J]. 现代预医学，2000，27（1）：63-66.

[4] 张益. 生活垃圾焚烧厂中二噁英的产生和控制[J]. 工程与技术，2000，01（007）：14-15.

[5] 赵明，史廷明，陈卫红. 持久性有机污染物健康风险评价研究进展[J]. 中国公共卫生，2015，31（11）：1509-1512.

[6] 林海鹏，于云江，李琴. 二噁英的毒性及其对人体健康影响的研究进展[J]. 环境科学与技术，2009，32（9）：93-97.

[7] 卜元卿，骆永明，滕应. 环境中二噁英类化合物的生态和健康风险评估研究进展[J]. 土壤，2007，

39（2）：164-172.

[8]　武亚凤，陈建华，张国宁. 二噁英的污染现状及健康效应[J]. 环境工程技术学报，2016，6（3）：229-238.

[9]　STEPHENS RD P M，HAYWARD DG. Biotransfer and bioaccumulation of dioxins and furans from soil：Chickens as a model for foraging animals.[J]. Science of the Total Environment，1997，175（3）：253-273.

[10]　骆永明，滕应，李清波. 长江三角洲地区土壤环境质量与修复研究 I .典型污染区农田土壤中多氯代二苯并二噁英/呋喃（PCDD/Fs）组成和污染的初步研究[J]. 土壤学报，2005，42（4）：570-576.

[11]　骆永明，滕应，李志博. 长江三角洲地区土壤环境质量与修复研究 II .典型污染区农田生态系统中二噁英/呋喃（PCDD/Fs）的生物积累及其健康风险[J]. 土壤学报，2006，43（4）：563-570.

[12]　SWEETMAN A，KEEN C，HEALY J，et al. Occupational exposure to dioxins at UK worksites [J]. Ann Occup Hyg，2004，48（5）：425-437.

[13]　REDDY M S，BASHA S B，JOSHI H V，et al. Evaluation of the emission characteristics of trace metals from coal and fuel oil fired power plants and their fate during combustion [J]. J Hazard Mater，2005，123（1-3）：242-249.

[14]　GROCHOWALSKI A，LASSEN C，HOLTZER M，et al. Determination of PCDDs，PCDFs，PCBs and HCB emissions from the metallurgical sector in Poland [J]. Environ Sci Pollut R，2007，14（5）：326-332.

[15]　OH J E，LEE K T，LEE J W，et al. The evaluation of PCDD/Fsfrom various Korean incinerators [J]. Chemosphere，1999，38（9）：2097-2108.

[16]　张瑜，吴以忠，宗良纲. POPs 污染场地土壤健康风险评价[J]. 环境科学与技术，2008，31（7）：135-140.

[17]　ROVIRA J，MARI M，NADAL M，et al. Environmental monitoring of metals，PCDD/Fsand PCBs as a complementary tool of biological surveillance to assess human health risks [J]. Chemosphere，2010，80（10）：1183-1189.